典型草原风蚀退化机理与调控

闫玉春　辛晓平　唐海萍　杨婷婷　著

科学出版社

北京

内 容 简 介

本书以典型草原为研究对象，系统总结了典型草原在人类活动和风蚀叠加作用下植被、土壤退化过程机理，揭示了植被盖度与土壤结皮等调控因素对草原风蚀的量化影响机制。本书是专门从风蚀角度阐述草原生态系统退化的不为多见的论著，不仅对草原风蚀过程、机理与调控等研究领域的发展具有重要推动作用，同时对草原保护及可持续利用管理也具有重要的理论与实践价值。

本书可供草地生态科学、环境科学、大气科学、土壤科学等有关学科的科研人员、教师、学生和相关业务管理人员阅读与参考。

图书在版编目（CIP）数据

典型草原风蚀退化机理与调控/闫玉春等著. —北京：科学出版社，2017.12

ISBN 978-7-03-055541-0

Ⅰ. ①典… Ⅱ. ①闫… Ⅲ. ①草原退化–综合防治 Ⅳ. ①S812.6

中国版本图书馆 CIP 数据核字(2017)第 286264 号

责任编辑：李秀伟 / 责任校对：郑金红
责任印制：张 伟 / 封面设计：北京铭轩堂广告设计有限公司

科学出版社 出版
北京东黄城根北街 16 号
邮政编码：100717
http://www.sciencep.com

北京教园印刷有限公司 印刷
科学出版社发行 各地新华书店经销

＊

2017 年 12 月第 一 版 开本：B5 (720×1000)
2017 年 12 月第一次印刷 印张：8 1/4 插页：2
字数：166 000
定价：98.00 元
(如有印装质量问题，我社负责调换)

序

　　风蚀是干旱、半干旱地区普遍存在的自然现象，通过沙尘的侵蚀、搬运和沉积，其生态和环境影响可以从局部范围到全球尺度。草原作为干旱、半干旱地区的主要生态系统类型，积年累月受到风蚀的危害，风蚀已经成为影响草原生态系统退化与恢复动态的重要甚至是主导因子。《典型草原风蚀退化机理与调控》一书是首部较为系统地从风蚀角度阐述草原退化机理与调控的重要论著。该书的出版适应了当前国家关于生态保护政策的需求，十九大报告指出：必须树立和践行绿水青山就是金山银山的理念，坚持节约资源和保护环境的基本国策，建设美丽中国，为人民创造良好生产生活环境，为全球生态安全作出贡献。草原是我国最大的生态系统类型，草原面积约占国土陆地总面积的 41.7%，不仅是我国重要的土地资源，也是我国北方重要的生态屏障。随着人类活动干扰的加剧，目前，草原已形成了无处不退化的局面，草原植被覆盖降低、表土结构破坏，诱发严重土壤风蚀，风蚀反馈草原生态系统导致更严重退化、沙化，形成恶性循环机制。该书重点阐述了人类活动与风蚀的叠加作用导致草原生态系统退化机理，量化阐明了植被覆盖、土壤结皮等调控因素的抗风蚀作用，作者抓住了问题的根本，准确找到了切入点。

　　该书是作者从事草原风蚀研究十多年来科学探索的集成，其中不仅包括大量的野外调查与观测的第一手资料，更重要的是包含了作者一系列的新颖、原创的野外控制实验设计方法及其相应的理论成果，这是对草原风蚀研究领域的宝贵贡献。

　　我很乐意把该书推荐给对草原生态、环境保护感兴趣的广大读者。同时，也希望作者再接再厉、奋发开拓、推陈出新，进一步呈现更多的创新成果，为我国草原生态保护事业作出新的贡献。

2017 年 11 月 29 日

前　　言

本书是作者十余年来从事草原科学研究工作的阶段成果总结。以典型草原为研究对象，通过大量的野外植被、土壤调查，控制实验以及室内分析与潜心研究，较为系统地总结了典型草原在人类活动和风蚀的叠加作用下植被、土壤退化过程机理以及调控因素解析。本书是专门从风蚀角度阐述草原生态系统退化的不为多见的论著，不仅对草原风蚀过程、机理与调控等研究领域的发展具有重要推动作用，同时对草原保护及可持续利用管理也具有重要的理论与实践价值。

20 世纪 80 年代学者们已经认识到草原风蚀的危害，将风蚀列为草原诸灾之首。第一，风蚀具有灾害空间分布广、时间持续长的特征。受蒙古高压控制，持久、强劲的西风，对土壤的侵蚀在积年累月、有形无形中发生着。其他灾害则不然，旱不连年、涝不成片，黑白灾害有明显的季节性。第二，风蚀危害程度大，风力对土壤的超量侵蚀，是对土地资源本身的破坏，它不仅严重影响农牧业生产的稳定，更重要的是伤及人类生存的基础。第三，风蚀危害范围大，一般灾害多限于局部地区，但风蚀问题事关整个区域，如内蒙古风沙源可以影响华北，危及北京。第四，风与干旱存在内在联系，风蚀具有恶性循环机制，在风蚀严重地区会出现越刮越旱，越旱越刮的趋势。

风沙物理学等相关理论研究起源于沙漠，而与沙漠的风蚀相比，草原风蚀具有显著不同的特征。第一，草原区域具有明显的植被覆盖特征；第二，草原风蚀物质包含了更多的有机质及养分；第三，草原作为牧民生产生活来源保障具有更为明显的人类活动特征。因此，人类活动与风蚀的叠加作用是草原严重退化的重要过程机制，草原风蚀导致的有机质再分配直接影响区域乃至全球的碳平衡。

本书共分为 8 章，其中第一、第二章概述典型草原区域特征、人类活动与风蚀对草原的影响；第三、第四章重点阐述不同利用方式下典型草原植被、土壤特征，并着重介绍了不同利用方式对草原生态系统碳截存的影响；第五、第六章介绍了不同利用方式下土壤风蚀特征以及草原风蚀退化的过程机理；第七、第八章阐述植被覆盖、土壤结皮等调控因素对草原风蚀的量化影响。

本书先后得到国家自然科学基金项目（41671044，40901053，40571057）、国家重点研发计划课题（2016YFC0500603）、公益性行业（农业）科研专项（201003061）、国家国际科技合作项目（2012DFA31290）、中国农业科学院基本科研业务费专项（647-38）等科研项目的资助。感谢内蒙古呼伦贝尔草原生态系统国家野外科学观测研究站、内蒙古锡林郭勒草原生态系统国家野外科学观测研究站、农业部草地资源监测评价与创新利用重点实验室、国家牧草产业技术体系和国家农业科学数据共享中心草地分中心等基地、平台提供的条件支持。

尽管作者希望本书能够呈现最全面、最系统的有关典型草原风蚀过程、机理与调控及其影响的研究结果,但由于时间及学术水平所限,书中必然存在不少疏漏和欠缺,期待有关专家和读者给予指正。因此,《典型草原风蚀退化机理与调控》的出版,与其说是草原风蚀研究的一个阶段性成果总结,不如说是草原风蚀研究的一个新的开始。作者将坚持不懈、继续前行,进一步丰富草原风蚀过程机理、调控的理论与应用实践成果。

著　者

2017 年 9 月

目　　录

第一章 典型草原地理分布与概况

第一节 典型草原分布

温性典型草原是在温带半干旱气候条件下发育而成的,是以典型旱生的多年生丛生禾草占绝对优势地位的一类草地。它在我国分布的地理范围在32°~45°N,104°~105°E的半干旱气候区内,大气湿润度0.3~0.6,基本呈东北—西南向的带状分布(中华人民共和国农业部畜牧兽医司和全国畜牧兽医总站,1996)。

内蒙古呼伦贝尔高平原西部至锡林郭勒高平原的大部分地区,以及相连的阴山北麓察哈尔丘陵,大兴安岭南部低山丘陵至西辽河平原是我国典型草原的典型分布区。以此为中心,其分布范围北与蒙古和贝加尔草原接近,向东北延伸到松嫩平原中部,向南达到冀北丘陵与晋陕黄土丘陵一带,西南边缘与青藏高原上的高寒草原相邻,西北至内蒙古西部的乌兰察布高原边缘。此外,典型草原超越水平地带分布范围,在干旱和极干旱气候区海拔较高的山地如狼山、贺兰山、龙首山、祁连山、昆仑山、天山、阿尔泰山等山地上呈现垂直带分布,在青藏高原的雅鲁藏布江中游及其支流的河谷和藏南盆地也有分布。其分布的海拔随山地坐落地区的气候干旱程度增强而升高,而垂直带谱的宽度则变窄。例如,坐落在荒漠草原向荒漠过渡地带的贺兰山山地,东坡较西坡湿润,东坡典型草原分布高度为1900m,而西坡则上升到2000m以上;荒漠化程度最强的昆仑山山地,温性典型草原分布下限2300~3400m,上限高达3400~3800m;在雅鲁藏布江上中游,分布上限可上升到4300~4500m。

从温性典型草原所分布的行政区域看,它广泛分布于内蒙古、新疆、甘肃、青海、西藏、山西、河北等省(自治区),草地总面积为4 109 657hm²,其中可利用面积36 367 633hm²,年理论载畜量为2445.1万羊单位。以内蒙古分布范围最广、面积最大,在10个盟(市)69个旗(县)有较大面积的分布,分布面积27 477 870hm²,可利用面积24 062 421hm²,分别占温性典型草原面积的66.86%,占可利用面积的66.16%(表1-1)。

表1-1 典型草原的面积与分布

省区	草地面积		草地可利用面积	
	数量/hm²	占比/%	数量/hm²	占比/%
河北	573 098	1.39	448 172	1.23
山西	438 313	1.07	438 313	1.21

续表

省区	草地面积		草地可利用面积	
	数量/hm²	占比/%	数量/hm²	占比/%
内蒙古	27 477 870	66.86	24 062 421	66.16
辽宁	301 241	0.73	287 946	0.79
吉林	424 203	1.03	353 409	0.97
黑龙江	49 320	0.12	42 528	0.12
西藏	1 715 115	4.17	1 607 650	4.42
陕西	911 211	2.22	718 163	1.97
甘肃	3 088 432	7.52	2 840 566	7.81
青海	2 117 882	5.15	1 874 420	5.15
宁夏	782 131	1.90	690 025	1.90
新疆	3 217 755	7.83	3 004 020	8.26
合计	41 096 571	100.00	36 367 633	100.00

资料来源：中华人民共和国农业部畜牧兽医司和全国畜牧兽医总站，1996

第二节　典型草原自然特征

温性典型草原分布范围广，面积占全国草原总面积的 10.46%，可利用面积占全国可利用草地面积的 10.99%。由于所处地理位置不同，其分布区的气候、土壤、地形及草地植物种类组成都有一定的地区间差别（中华人民共和国农业部畜牧兽医司和全国畜牧兽医总站，1996）。

（1）大兴安岭南麓至锡林郭勒高平原、呼伦贝尔高平原西部分布区，地处高纬度，大陆性气候特征明显。冬春季节漫长、寒冷，夏秋季节温凉多雨，为温凉半干旱气候区。年平均气温 -2～4℃，≥10℃积温 1700～2300℃，无霜期 80～120 天，年降水量 250～400mm，大气湿润度 0.3～0.5。水热组合分布从东到西、由南到北亦有较明显的差异。气温由东到西、由北向南增高，降水量则由东至西、从南到北递减。草地土壤以栗钙土为主，并有暗栗钙土、淡栗钙土分布。地形以高平原为主，地面平坦、开阔、起伏平缓。此外，还有低山丘陵、熔岩台地和沙地（浑善达克沙地）分布。海拔 900～1300m，其地势由西向东、从南到北倾斜。

该分布区草地种类主要以适应温凉干旱气候的典型旱生丛生禾草为主。代表类型是大针茅草地、克氏针茅草地，其次是根茎型的羊草草地，在沙质土壤上出现有冰草草地，在放牧过度引起草地退化的地段出现有冷蒿草地，在沙地上发育形成以褐沙蒿为优势种的代表类型。草地质量优良，生产力属中等水平。优等和良等草地合计占 70% 左右，每公顷草地产干草 889kg，是适宜养羊、马的良好牧场，适宜载畜量为 1.49hm²/羊单位。近 30 年来，随着牲畜头数大幅度增长，对草地的利用程度越来越重，引起了大面积草地退化。一般超载过牧地区退化草地占30%左右，严重超载放牧区退化草地占50%左右。

（2）大兴安岭东南麓至松辽平原分布区，是温性典型草原类最东翼的一块分布区，亦是温性典型草原类与温性草甸草原类交叉分布的过渡地区。大兴安岭东南麓丘陵平原海拔500～700m；松辽平原北部是松嫩平原，海拔130～200m，南半部是西辽河平原，海拔250～400m。整个地势为南北高，中间低，沙地（科尔沁沙地）广阔分布，约占西辽河平原面积的1/3，成为自然景观的显著特点。

由于松辽平原处于大兴安岭东南麓，受东南海洋季风的影响较明显，大陆度低于呼伦贝尔平原和锡林郭勒高平原。热量也较高，年平均气温1.5～6.0℃，≥10℃积温2100～3200℃。年降水量350～450mm，属于夏季温热多雨的半干旱气候区。地表水系发达，土壤以碳酸盐暗栗钙土为主，并有黑垆土和褐土分布。

草地组成中的基本类型与呼伦贝尔高平原、锡林郭勒高平原草原分布区比较一致，代表类型是大针茅草地、克氏针茅草地和羊草草地。但是，这一地区由于受许多非地带性生境条件，如低湿地、沙地的限制，地带性典型草原类型的大针茅草地和克氏针茅草地分布面积没有占明显优势，只在西辽河以北的大兴安岭东南麓山前丘陵平原上大针茅草地和克氏针茅草地形成较大面积分布，其余地区只限于一些低丘漫岗的坡地上有零星的分布。此外，该分布区温性典型草原的草群种类组成，含有丰富的伴生植物，其中混生一些中旱生和中生植物成分，如野古草、裂叶蒿、大油芒、铁杆蒿及其他杂类草。而锦鸡儿灌丛在该区草原群落出现少，无明显作用，西伯利亚杏分布较广泛，往往形成了西伯利亚杏灌丛化大针茅、克氏针茅草原自然景观。沙地植被在该区分布广泛，占有较突出地位，以差巴嘎蒿为优势种组成的蒿类半灌木草原是典型代表，此外，沙地区广泛分布有榆树，并在部分地区形成榆树疏林自然景观。

温性典型草原类草地覆盖一般为30%～50%，草本层叶层高14～25cm，$1m^2$内植物种的饱和度12～15种。草地质量优良，生产力较前一分布区高，每公顷产干草1400～1800kg。1个羊单位需要草地$1.25hm^2$。该分布区农业垦殖历史悠久，大部分草地已垦为农田，而被保存下来的草地经过长期的过度放牧利用，其退化、沙化、盐碱化面积逐渐扩大。

（3）阴山以南至晋陕黄土丘陵和西辽河平原以南辽西黄土丘陵至冀北丘陵平原分布区，是温性典型草原类最南和西南部的一块地带性草原。它属于我国暖温带的半干旱气候区，年平均温度5～10℃，≥10℃积温2800～3500℃，年降水量300～450mm，大气湿润度0.3～0.6。地带性的优势土壤为暗栗钙土、黑垆土和褐土。地形变化比较复杂，包括有低山丘陵、黄土丘陵、波状高平原、黄河冲积平原、毛乌素沙地及玄武岩台地等多种地形，其中以黄土丘陵、低山丘陵为主。海拔自西向东降低，地势由南向北倾斜。该分布区西南部的晋陕黄土丘陵和鄂尔多斯高平原海拔一般在 1000～1500m，东北部的冀北丘陵和辽西黄土丘陵海拔一般在 600～1000m。

该分布区由于生境条件比较复杂，发育形成的草地类型多种多样。地带性草地以喜温的长芒草占优势组成的草地类型为典型代表，并在土壤侵蚀作用较强的地区，发育形成了半灌木蒿类和百里香占优势组成的草地类型，构成该分布区草原的一个显著特点。在毛乌素沙地上分布以油蒿为优势种的代表类型。由于其分布区农业开垦历史悠久，农业垦殖率特别高，所以大面积连片分布的长芒草草原很少，只在剥蚀残丘、漫岗顶部具有零星小片分布，而且多为次生恢复后形成的群落。其草地质量属于中等，生产力偏低，每公顷产干草 470～810kg，1 个羊单位平均需草地 1.5～2.5hm^2。

温性典型草原类除在水平地带的不同自然条件下分化为不同的草地类型外，在坐落于不同自然地带的山地上，其垂直带分布也有不同的草地类型。

综上所述，温性典型草原类分布范围广、生境条件较为复杂。因此发育形成的草地类型比较多种多样，地带性分异明显。根据全国调查结果，温性典型草原类划分为平原丘陵草原、山地草原、沙地草原 3 个亚类，其中以大针茅、克氏针茅、长芒草、糙隐子草、冰草、落草、早熟禾等典型旱生丛生禾草及广旱生的根茎型羊草等优势种组成的草地类型居主体地位，构成温性典型草原类的基本类型。其次是小灌木、蒿类半灌木中的一些旱生种如百里香、冷蒿为优势种组成的草地类型亦有较大面积的分布。薹草属及其他旱生杂类草为优势种组成的草地类型很少，一般呈零星小片分布。灌木在草群中作用更小，常见的灌木主要是锦鸡儿，在沙性较强的土壤基质上能形成明显的灌丛化景观。

第三节　社会经济状况

以锡林郭勒盟典型草原主要分布区锡林浩特市、阿巴嘎旗、镶黄旗和正蓝旗为例，对其社会经济发展状况进行了分析。根据《内蒙古统计年鉴》数据，1986～2015 年锡林郭勒盟辖属 4 旗 1 市人口总数整体呈上升趋势。其中锡林浩特市作为锡林郭勒盟盟政府所在地，人口数据增幅最大，由 1986 年的 10.2 万人增加到 2015 年的 18.38 万人，增幅 80.20%，而其他 4 旗人口均有所增加，但增幅相对较小，阿巴嘎旗、镶黄旗、正蓝旗、正镶白旗人口数据分别由 1986 年的 3.8 万人、2.7 万人、7.3 万人、7.0 万人增加到 2015 年的 4.4644 万人、3.1349 万人、8.3229 万人、7.2277 万人，增幅分别为 17.48%、16.11%、14.01% 和 3.25%（图 1-1）。

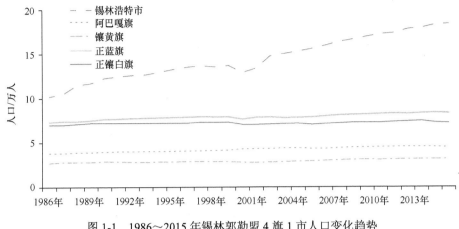

图 1-1　1986～2015 年锡林郭勒盟 4 旗 1 市人口变化趋势

1986～2015 年锡林郭勒盟辖属 4 旗 1 市生产总值整体呈上升趋势。其中锡林浩特市生产总值明显高于其他 4 旗，1992 年锡林浩特市生产总值开始大幅上升，到 2015 年生产总值达到 2 101 811 万元，其他 4 旗基本在 2005 年生产总值开始大幅上升，到 2015 年阿巴嘎旗、镶黄旗、正蓝旗、正镶白旗生产总值分别为 673 551 万元、527 296 万元、696 799 万元、310 757 万元（图 1-2）。

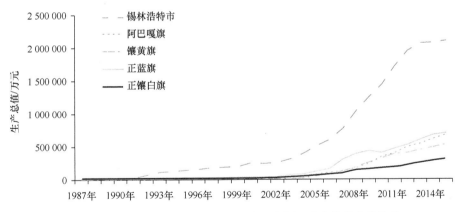

图 1-2　1986～2015 年锡林郭勒盟 4 旗 1 市国民生产总值变化趋势

畜牧业是典型草原区牧民主要输入来源之一，4 旗 1 市中以阿巴嘎旗、正蓝旗大家畜数量较多，基本维持在 10 万～20 万头，其他 2 旗 1 市相对较少。1986～2015 年锡林浩特市、阿巴嘎旗、正蓝旗、正镶白旗大家畜年末存栏数整体呈先下降后上升趋势，1999～2002 年是大家畜数量下降较为明显的年份，均下降到一个低位，2002 年，锡林浩特市、阿巴嘎旗、正蓝旗、正镶白旗大家畜数量分别为 1.72 万头、6.87 万头、9.15 万头、3.18 万头，之后进入逐步上升阶段，2015 年大家畜数量分别为 6.47 万头、14.64 万头、17.9 万头、5.89 万头。镶黄旗大家畜年末存栏数整体上呈现下降趋势，由 1986 年的 4.95 万头下降到 2015 年的 1.59 万头（图 1-3）。

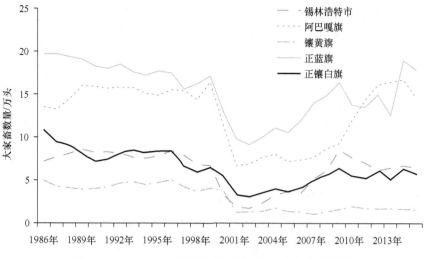

图 1-3　1986～2015 年锡林郭勒盟 4 旗 1 市大家畜数量

　　4 旗 1 市中锡林浩特、阿巴嘎旗羊年末存栏数相对较多，平均年末存栏数为 69.14 万只、85.89 万只。锡林浩特市、阿巴嘎旗羊年末存栏数整体呈先上升后下降，再缓慢上升的趋势，1999 年达到顶峰，羊年末存栏数分别为 113.34 万只、148.72 万只。镶黄旗、正蓝旗、正镶白旗整体上呈下降趋势，2015 年年末存栏数分别为 18.74 万只、20.22 万只、18.74 万只，相对于 1986 年分别减少 36.86%、57.47%、56.66%（图 1-4）。

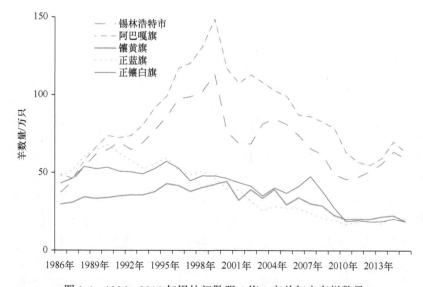

图 1-4　1986～2015 年锡林郭勒盟 4 旗 1 市羊年末存栏数量

　　2000 年牲畜数量开始剧烈波动的主要原因是：这一年国家开始实施一系列草地生态系统保护的政策，限制牲畜的饲养规模。2000 年内蒙古发布《内蒙古自治区草畜平衡暂行规定》和《关于开展草畜平衡试点工作的通知》，选择锡林郭勒盟的东乌珠穆沁旗和正蓝旗及其他盟市的旗（县）共 19 个苏木作为试点，2002 年锡林郭勒盟盟委、盟行政公署制定《锡林郭勒盟草畜平衡实施细则（试行）》，作为以草定畜的纲领性文件。到 2003 年 10 月底，全盟 90% 的牧户都已签订《草畜平衡责任书》。2001 年内蒙古开始大规模的生态移民，根据《关于实施生态移民和异地扶贫移民试点工程的意见》，在全区范围内对荒漠化、草原退化和水土流失严重的生态脆弱地区实施生态移民，并提出从 2002 年开始，内蒙古将在 6 年时间内，投资上亿元实施生态移民 65 万人。2001 年 11 月锡林郭勒盟盟委、盟行政公署出台《关于实施围封转移战略的决定》，决定实施名为"围封转移"的大规模生态移民工程。2002 年 9 月国务院发布《关于加强草原保护与建设的若干意见》，其中明确提出推行禁牧、休牧和划区轮牧的制度，并于 2002 年在 12 个省份实施退牧还草政策。2003 年 3 月，内蒙古全面部署了"退牧还草"工作，于 2005 年全面开展。2011 年，国家对包括内蒙古在内的 8 个主要草原牧区省（自治区）全面建立草原生态保护补助奖励机制，中央财政每年将投入 134 亿元，5 年一个周期，主要用于草原禁牧补助、草畜平衡奖励、牧草良种补助和牧民生产性补助等（马梅等，2015）。

第二章 人类活动与风蚀对草原生态系统的影响概述

第一节 草地退化相关概念

我国有 4 亿 hm^2 不同类型的草地，其中 90%以上处于不同程度退化之中（陈佐忠和江凤，2003；许志信等，2000）。随着草地退化问题的加剧，草地退化已经成为人们所熟知的一个概念，但是由于研究者、研究对象、研究目的的不同，草地退化概念的内涵与侧重也不尽相同。在长期的草地退化研究中，大都将草地退化作为一个整体概念来定义和解释。由于研究重点的倾向性，草地退化某些方面的问题往往被忽略。实际上，草地作为一个复杂的生态系统，可以分解出多个侧面，对这些侧面进行区分和解释有助于深入理解草地退化概念的内涵。

一、草地退化的概念

人类利用天然草地的最基本目的是满足生活需要。长期以来对草地开垦和放牧利用已经具有了广泛的实践基础，并对草地生态系统产生了巨大的影响（Coupland，1979）。早在 20 世纪 50 年代，Curtis（1956）和 Clark（1956）等已经开始讨论人类在草地生态系统演变中的角色，焦点主要在开垦与放牧对草地的影响以及相应的草地经营管理对策等方面。开垦完全毁坏了较高的自然植被覆盖，并在很大程度上改变了草地生态系统的分解者与微生物组分。开垦不仅使土壤有机质的生产速率迅速衰退，而且使几个世纪以来天然草地土壤中形成的有机质迅速分解。研究表明在草地开垦的前几十年里土壤有机质衰减速率达到每年 1%~2%（Newton et al.，1945；文海燕等，2005），这是开垦引起草地退化的具体体现。放牧是人类对草地利用的主要方式之一，过牧会导致草地群落组成及土壤理化性质发生变化。Dyksterhuis（1949）根据草地植物对放牧的响应，将草地群落内植物分为"减少者"、"增加者"和"侵入者"3 个组分，并且根据草地物种组成与未放牧草地下的顶级群落偏离程度将草地划分为"优"、"良"、"中"和"差"4 个等级。这是草地群落过牧下退化演替特征的定性描述。

我国学者们在长期的草地退化研究中，根据自己对草地退化的理解分别给出了不同的定义，如"草地退化是指放牧、开垦、搂柴等人为活动下，草地生态系统远离顶级的状态"（李博，1990）；"草地退化是指草地承载牲畜的能力下降，进而引起畜产品生产力下降的过程"（黄文秀，1991）；"土壤沙化，有机质含量下降，养分减少，土壤结构性变差，土壤紧实度增加，通透性变坏，有的向盐碱化方向发展，是草原地区土壤退化的指示"（陈佐忠，2000）；"草地退化既指草的退化，又指地的退化，其结果是整个草地生态系统的退化，破坏了草原生态系统物质的相对平衡，使生态系统逆向演替"（李绍良等，1997a）；"草地退化是荒漠化的主要表现形式之一，是由于人为活动或不利自然因素所引起的草地（包括植物及土壤）质量衰退，生产力、经济潜力及服务功能降低，环境变劣以及生物多样性或复杂程度降低，恢复功能减弱或丧失恢复功能"（李博，1997；张金屯，2001）。

实质上，草地退化是指草地生态系统逆行演替的一种过程，在这一过程中，该系统的组成、结构与功能发生明显变化，原有的能流规模缩小，物质循环失调，熵值增加，打破了原有的稳态和有序性，系统向低能量级转化，亦即维持生态过程所必需的生态功能下降甚至丧失，或在低能量级水平上形成偏途顶级，建立新的亚稳态（李博，1997）。

二、草地退化相关的几组重要概念辨析

草地退化研究的主要目的在于：理论上深入理解其退化机理，揭示退化驱动力；实践上是为了找到防止草地退化、对退化草地恢复重建的合理措施与科学方法。对草地退化概念的延伸，目的也在于此。

生态退化与草场退化是从不同研究角度提出的一对概念，二者有时一致，蕴于同一过程。但有时又不一致，甚至相反。由此可见，对草地退化概念的理解会受到研究者的研究方向及专业影响。因此，对草地退化概念的应用和理解应该视研究目的而定，针对具体问题时应该做出相应的科学解释和说明。

植被退化与土壤退化是草地退化的两个层面（王德利和杨利民，2004；周华坤等，2005），辨析二者之间关系和差异可以更深刻地认识草地退化的内涵，同时对草地经营管理及退化草地恢复重建工作具有指导意义。在草地处于以植被退化为主的阶段时，应及时采取措施，降低放牧压力、实施围栏封育等措施进行休养恢复，以避免造成更严重的土壤退化。

生态系统结构与生态系统功能密切联系，又存在差异。从结构和功能两个方面建立草地退化综合指标体系，有助于科学理解草地退化的概念，同时结构途径与功能途径相结合是草地退化程度综合诊断的科学方法（闫玉春和唐海萍，2007）。

退化程度诊断是退化草地恢复重建的前提和基础，相对退化与绝对退化、参照系统与退化程度都是针对这一问题的两组概念。虽然能从理论上说明参照系统与退化程度的问题，但在实践中，参照系统的确定、退化程度诊断仍是一个难题，基于草地生态环境承载能力的草地退化程度阈值仍没有一个标准，对整个草原区的退化程度仍没有一个系统定量的描述。这在很大程度上限制了退化草地恢复重

建的实践。另外在大尺度空间格局研究上，要加强遥感与 GIS 等空间信息的应用。例如，利用高光谱遥感加强遥感信息的精度，为大尺度的空间格局研究提供更精准的空间数据，从而为退化草地恢复重建工作提供有力的科学依据。

（一）生态退化与草场退化

从生态学角度而言的草原植被退化（生态退化）和从草场经营角度而言的草原草场退化（草场退化）是有所区别的（李博，1997；李永宏，1994）。前者是指草原生态系统背离顶级的一切演替过程（逆向演替）；而后者则含有对利用价值的评价，指的是草场生产力降低、质量下降和生境变劣等。这两个概念有时一致，属同一过程的两种不同理解，如一个生产性能良好的草原顶级生态系统，在放牧影响下演变为一个生产性能较差的生态系统，这一过程既是生态退化，又是草场退化（李建龙等，2004；孙海群等，1999）。而有时在同一个过程中这两个概念是不一致的，甚至是相反的，如有些草地类型（如杂类草草甸、杂类禾草草原等）在顶级状态下利用价值不高，但在适当的利用强度下，可提高其利用价值，亦即群落虽发生了逆行演替，但并不能称之为退化，而是草地的"熟化"（李博，1997）；又如一个生产性能良好的次生草地，在停止放牧或人为管理后的自然恢复演替中出现了大量饲用价值低或无饲用价值的灌草丛，是草场退化，但不是生态退化，而是生态恢复（李永宏，1994）。但一般情况下，人为活动和不利因素引起的草地退化均系逆行演替。

（二）植被退化与土壤退化

草地退化直接表现为植被退化与土壤退化，从导致草地退化的主要原因——人为因素中的放牧来考虑，放牧对草地植被、土壤的作用是同时的，即通过采食直接影响到草地植被，通过践踏、压实等作用于土壤（李永宏和汪诗平，1999；李金花等，2002；高英志等，2004）。同时植被、土壤之间也存在相互作用。但是由于土壤与植被具有各自完全不同的属性（李绍良等，1997a，1997b，2002），外在表现为植被退化先于土壤退化。所以，可以将草地退化划分为以植被退化为主和以土壤退化为主的两个阶段。

在已有的草地退化相关研究中，草地的退化阶段多处在以植被退化为主的阶段，在这一阶段，尽管植被变化很明显，甚至植被群落发生了完全的逆行演替，但其对土壤的保护作用仍然维持在一定水平。因此，此时土壤还不能体现出明显的变化（李绍良等，2002）。这也是人们在草地退化的研究中会忽略土壤因素的原因。从土壤形成过程来看，土壤的自然演替将是一个极其漫长的过程。草原土壤中有机质的半衰期为 500～1000 年（Martel and Paul，1974），因此现实中我们所注意的土壤退化并非是一个自然退化演替过程，土壤退化主要是由于植被退化到一定阈值后，植被对土壤的保护伞作用失去，从而导致的土壤侵蚀所致（闫玉春和唐海萍，2008a）。

　　尽管土壤退化滞后于植被退化，但土壤退化是比植被退化更严重的退化，土壤严重退化后整个草原生态系统的功能会遗失殆尽（高英志等，2004）。根据已有研究成果绘制了植被、土壤退化过程示意图（图 2-1）。此图是以人为驱动力（如过度放牧）下的草地植被、土壤退化过程为基础，图中线 1 为自然状态下植被-土壤对应关系，表明在自然状况下，在一定的气候条件下，特定的土壤类型对应着相应的植被类型，形成土壤-植被稳定的自然系统。而当这种土壤-植被系统在人为驱动力（如过度放牧）作用下，系统中的土壤、植被两个要素会分别做出响应。但由于土壤、植被各自不同的属性，即植被相对易变，而土壤相对稳定的特点，导致二者原有的对应关系在人为驱动力作用下发生"错位"。图中坐标箭头方向分别代表土壤与植被退化的方向。线 2 表示在草地退化过程中，土壤变化滞后于植被变化的过程。其中转折点（阈值点）表示，在外界驱动力作用初期或是作用力较小的情况下，植被首先发生变化，而此时土壤保持稳定或变化较小，随着外界驱动力作用时间的增长和强度的增大，植被变化达到一定阈值，此时土壤开始发生明显变化，而且此时土壤与植被的相互反馈作用会加速草地退化的进程。

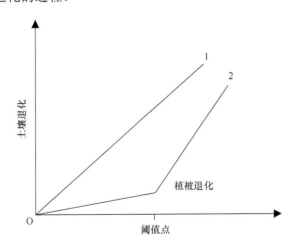

图 2-1　草地植被退化滞后于土壤退化示意图

O. 退化前生态系统；线 1. 自然状态下植被-土壤对应关系；线 2. 土壤退化滞后于植被退化的过程

　　在相关研究中已经注意到土壤退化滞后于植被退化的问题（Alder and Lauenroth，2000；Su et al.，2004，2005；Li and Chen，1997；Reeder and Schuman，2002），并将土壤的这一特征称为土壤稳定性（李绍良等，1997a，1997b，2002）。实质上，现有的退化草地恢复重建措施大都建立在土壤稳定性的基础上，即草地退化处在植被退化为主的阶段时，土壤未发生根本性的改变，只要给予充足的时间使其得以休养生息，便可达到恢复的目的。因此土壤稳定性特征是利用围栏封育、划区轮牧等措施对退化草地恢复得以成功的机理所在。

（三）结构退化与功能退化

从生态学角度讲，生态系统结构主要是指系统中具有完整功能的自然组成部分。生态系统功能主要是指与能量流动和物质迁移相关的整个生态系统的动力学（沃科特和戈尔登，2002）。草地生态系统退化直接反映在系统结构和功能的变化上，生态系统结构和功能又是紧密联系、相辅相成的。

草地生态系统退化直接导致群落组成及其结构发生变化，而生态系统结构是生态系统状态的直接反映。因此，生态系统结构指标是草地退化指标体系中最直接和最关键的一部分。生态系统结构指标一般比较直观且较易获得，主要表现在植被与土壤两个方面，植被指标包括群落种类组成、各类种群所占比例，尤其是建群种及优势种、可食性植物种、退化演替指示性植物种群等的密度、盖度、高度及频度等指标（陈佐忠，2000）；土壤指标包括物理性质、化学性质及土壤动物和微生物指示3个部分（关世英和常金宝，1997；陈佐忠，2000）（图2-2）。

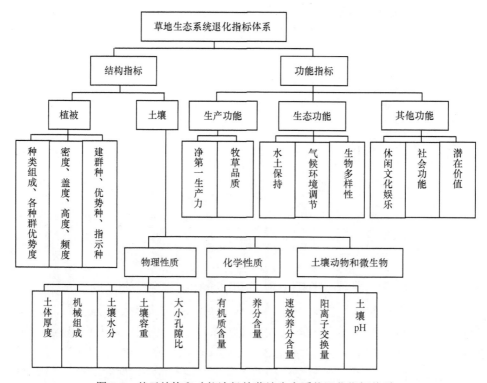

图2-2　基于结构和功能途径的草地生态系统退化指标体系

　　草地生态系统退化的另外一个直接后果就是生态系统生产力、经济潜力及服务功能降低，也就是生态系统功能的下降。生态系统功能主要体现在生产功能（经济功能）、生态功能和其他功能（杜晓军，2003）。生产功能主要包括净第一性生产力（刘伟等，2005）及牧草品质等方面。结合社会经济因素，生产功能直接体现在诸如载畜量等具体指标上。生态功能概括起来主要包括水土保持、气候环境调节和生物多样性上。另外，生态系统功能还体现在诸如休闲、文化娱乐等服务性功能，涉及民族团结和边疆稳定的社会功能以及生态系统存在的潜在的一些功能和价值上，在这里归为其他功能（Bradshaw，1997；Donald et al.，1998）（图 2-2）。

　　尽管草地生态系统结构退化与功能退化紧密联系。但二者存在差异，一般情况下，系统功能变化滞后于系统结构变化，如短时间内的过度放牧会引起草地生态系统短期内发生结构变化，而此时生态系统功能仍能在一段时间内维持原有的状态。因此，在草地生态系统退化程度诊断中，不能片面地仅从结构或功能的单一途径来考虑，只有将系统结构和功能紧密结合，才能客观科学地反映生态系统状态。

（四）相对退化与绝对退化

　　根据参照系统的不同，将草地退化分为绝对退化与相对退化。以群落为单元说明这两个概念：一个群落被另一个群落所代替的过程，其中一系列的"演替阶段"构成了群落变化的一个时间梯度（李永宏和汪诗平，1999）。如果这一变化是一个逆行演替的过程，称之为绝对退化。以空间不同位置的群落为参照系统，得出的某一群落的退化状况属于相对退化。据此绘制了绝对退化与相对退化示意图（图 2-3）。图中大方框代表某一特定的区域，虚线代表该区域过去某一时间的状态，实线代表现在所处状态。E_0、E_1、E_2、E_d 分别代表特定的草地生态系统，其中 E_0 代表过去某一时间某一生态系统的自然状态；E_d 代表与 E_0 相对应的生态系统现在的退化状态。由 E_0 到 E_d 退化称之为绝对退化。E_1 表示现在该区域内另一个生态系统，其受破坏程度较轻，可作为"自然生态系统"，以此为参照，E_d 的退化属于相对退化。方框外的 E_2 为人们理想中的"自然生态系统"，以此为参照，E_d 的退化也属于相对退化。

　　需要指出，采用相对退化概念必须有严谨的前提，即参照系统与被诊断的系统应具有共同的比较基础。否则所得出的"退化"概念是不成立的，只能说明二者存在差异。因此，采用相对退化概念时应慎重考虑参照系统与被诊断系统是否具有可比性。

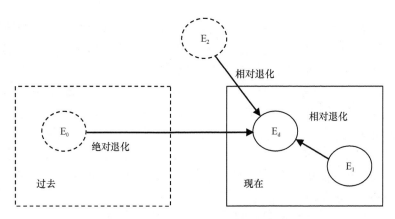

图 2-3　绝对退化与相对退化图示

E_0. 过去某一时间某一生态系统的自然状态；E_1. 现在该区域内另一个受损程度较小的生态系统；E_2. 理想中的"自然生态系统"；E_d. 与 E_0 相对应的生态系统现在的退化状态

（五）参照系统与退化程度

草地退化程度诊断是退化草地恢复重建的前提和基础（杜晓军，2003）。退化程度是一个相对概念，因此在草地生态系统退化程度诊断中，参照系统的确定是一个关键的内容。我们已对草地退化的概念作了详细论述，反之我们可以定义没有退化的草地生态系统为退化诊断的参照系统。但在实践中，参照系统究竟如何理解和确定，有许多不同观点。可总结为两个方面，一种是将自然状态的原生态系统或者说顶级生态系统作为参照系统，退化生态系统的概念多数是从这个角度进行理解和定义的（李博，1990；任海和彭少麟，2001；Hobbs and Norton，1996）。另一种是以本区域内或临近区域内未受破坏或破坏程度很轻的"自然生态系统"作为参照系统。前者无疑是一种最理想的状态，然而现实中，人们往往对退化前生态系统的整体状态参数（组成、结构、功能、动态等方面）缺乏足够的认识（Hobbs and Norton，1996）。所以实践中这样的系统是很难还原的。相对而言，后一种方法则更可行，更具有实践意义。

生态系统从一个稳定状态演替到脆弱的不稳定的退化状态，在这一过程中，生态系统在系统组成、结构、能量和物质循环总量与效率、生物多样性等方面均会发生质的变化（许志信等，2000）。生态系统退化程度正是对这一过程中不同阶段的生态要素和生态系统整体状态的一种描述性概念。

为了更深刻理解生态系统退化程度的概念，杜晓军（2003）绘制了生态系统退化程度概念模型。我们在此基础上进行了局部的改进（图 2-4）。该模型认为，生态系统退化或恢复过程中要经过多个过渡阶段，过渡阶段的多少与退化程度有关，每个过渡阶段都可认为是一个生态恢复的临界阈限。一般情况下，每个临界阈限的决定因子是不同的，图 2-4 中每个过渡阶段的细斜线的长短和斜率可以不同，这代表生态系统退化过程中每个过渡阶段发生的生态过程所用的时间是不同的，生态恢复过程中每个过渡阶段所采取的措施和所用的时间也是不同的。

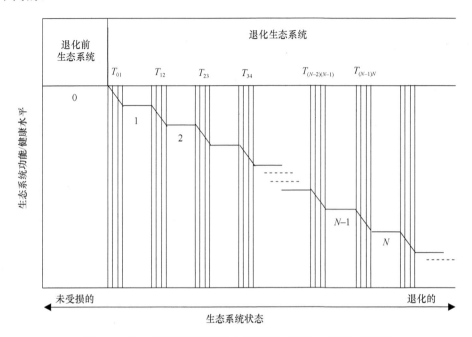

图 2-4　生态系统退化程度概念模型[据杜晓军（2003）改绘]

0. 退化前生态系统；1, 2, 3, …, $N–1$, N. 生态系统退化程度或演替阶段，$N{\geqslant}1$；$T_{(N-1)N}$. 生态系统的第 $N–1$ 阶段向下一阶段 N 的过渡阶段；虚线表示省略

（六）草地退化的小尺度定位研究与大尺度空间格局研究

草地退化的研究分为小尺度定位研究与大尺度空间格局研究，小尺度的定位研究主要针对草地退化机理研究，包括放牧对草地植被、土壤的影响；不同退化程度下草地植被与土壤的变化特征；退化草地恢复过程中的草地植被、土壤变化特征。这方面研究成果较多，如在内蒙古典型草原，经过长期的定位观测，已经较清晰地认识了其群落放牧退化演替与恢复演替规律，建立了草地退化程度的判别指标，并制定了草地退化程度分级标准（陈佐忠，2000；李博，1997；刘钟龄，2002）。

大尺度的空间格局研究对生产实践具有指导作用。但大尺度空间格局研究是以小尺度的定位研究为基础，它是在明确草地退化机理及各退化指标在草地退化中的作用的前提下进行的。这方面的研究随着空间技术的发展逐渐引起人们的关注。遥感已经在土地覆盖与植被变化方面得到了广泛的应用，并且在草地退化程度诊断方面也作了初步的尝试，如通过遥感影像对内蒙古锡林河流域草地退化空间格局的研究（冯秀等，2006）；对白音锡勒牧场进行的区域尺度草地退化现状评价（仝川等，2002）等。

第二节　放牧、开垦对草原的影响

一、放牧与草地生产力

从机制上讲，放牧一方面对草地植物生长具有促进作用，即植物对动物放牧具有超补偿性生长机制（Vickery，1992；McNaushton，1976），如改善未被采食部分的光照、水分和养分，增加单位植物量的光合速率，减缓衰枯和刺激休眠光合茎，增加繁殖的适应性（Belsky，1986a），在群体水平上加快植物生产的周转率（Risser，1993），选择快速生长的物种（De Angelis and Huston，1993），同时也具有抑制作用，如减少光合面积和采食营养物质等。因此，植物对放牧的响应取决于促进与抑制间的净效果，与立地条件和管理措施紧密相关（Noy-Meir，1993）。另外研究表明，过度放牧可以降低草原的生产力，而适当的放牧可以刺激植物的生长，从而增加当年植被的生产力。但这种放牧对牧草当年生产的促进作用，与其对草原生产力的长期不利的影响相比可能是较弱的。因而，放牧可在放牧退化和恢复演替弹性之间促进草地的退化；放牧对当年牧草生产的促进作用是"塑性"的，即这种对牧草当年生产的改善并不能改善草地放牧演替梯度上向生产力更高的演替阶段发展，相反却常常带来随后年份内生产力的下降，从而在放牧演替梯度上向更为退化的方向发展（李永宏和汪诗平，1999）。总体而言，过度放牧导致草地退化，而放牧退化的草地具有较低的生产力，这一结论已是公认的事实。

二、放牧与草地群落的逆向演替

放牧演替是草原植被研究中重要的一个方面。在放牧条件下，草原植物群落特征是与牧压强度紧密相关联的。在大气气候条件一致的区域内，牧压对群落施加的影响可以超越不同地段其他环境因子的影响，成为控制植物群落特征的主导因子（李永宏和汪诗平，1999）。

李永宏通过分异和趋同这一对概念来反映群落动态。他认为在同一牧压梯度上，由于不同地段牧压的差异，梯度上的植物群落向不同方向发展，形成不同的群落分异类型（从时间上而言的群落退化演替阶段），同时，不同牧压梯度上的植物群落随着牧压的增强向相反的方向发展，形成相同或相似的群落趋向类型（李永宏，1993；李永宏和汪诗平，1999）。并且通过对羊草草原和大针茅草原分异和趋同规律的研究，发现在连续高强度的放牧压力下这两类草原群落的演替均趋同于向冷蒿（*Artemisia frigida*）草原发展，并认为冷蒿可能是草原进一步退化的阻击者（李永宏，1994；王炜等，1996a，1996b）。然而，更进一步的研究表明，在持续高强度的放牧下，冷蒿草原最终退化演替为星毛委陵菜（*Potentilla acaulis*）草原（汪诗平等，1998）。

刘钟龄（2002）在长期定位观测的工作基础上，将内蒙古典型草原的 3 种主要草原类型，即大针茅草原、克氏针茅草原、羊草草原的放牧演替序列归纳为：①大针茅草原→大针茅+克氏针茅+冷蒿→冷蒿+糙隐子草变型；②克氏针茅草原→克氏针茅+冷蒿→冷蒿+糙隐子草变型；③羊草草原→羊草+克氏针茅+冷蒿→冷蒿+糙隐子草变型。

三、放牧与草地土壤特征

放牧是草地利用的主要方式之一，也是引起草地退化的主要驱动力。放牧家畜主要通过采食、践踏影响土壤的物理结构（如紧实度、渗透率）（惠特克，1986）；同时通过采食活动及畜体对营养物质的转化和排泄物归还等途径影响草地营养物质的循环，导致草地土壤化学成分的变化，而草地土壤的物理变化和化学变化之间也相互作用、相互影响（王仁忠和李建东，1991；杨利民，1996）。

李绍良等（1997b）根据土壤各项指标对退化干扰的响应程度，将这些性状指标划分为敏感易变、较为敏感和基本稳定不敏感 3 类。敏感易变的性状有土壤表层硬度、容重、孔隙度和有效性养分；当退化程度不同时，这些性状都有明显的变化，有的相关显著，如硬度以及与之相关的性质如渗透性（贾树海，1997）。有些性质虽然易变，但无规律，如有效性磷、钾等，在严重退化时其含量有时减少，有时反而增加，这可能与牲畜排泄物多少有关。较为敏感的性状指标有土壤有机质、腐殖质含量、全氮含量、交换量、机械组成以及结构性等。在大多数情况下，它们随退化程度而发生变化，但相对比较平缓，相关性也比较好。例如，以 15 块样地 6 种养分（有机质、全氮、全磷、硝态氮、铵态氮、速效磷）主成分分析结果表明，土壤有机质、全氮的贡献率达到 64%，说明它们可以作为衡量土壤退化的指标（何婕平，1994）。基本稳定不敏感的性状指标包括腐殖质组成、黏土矿物类型、碳酸钙含量、pH 等，在土壤退化过程中，它们的变化不太大，甚至无变化。

土壤养分的动态转化过程十分复杂，受很多因素的影响，如温度、降水、植被、土壤和管理措施（Burke et al.，1989）。而研究表明，地形与气候等景观因素对土壤养分动态循环的影响远远大于放牧的影响，认为景观影响是放牧影响的 13 倍（Wang et al.，1998），因此自然因素是影响土壤养分特征的主要方面。放牧对土壤理化和生物性质的影响并没有单一和一致的结论，特别是在化学性质方面。

例如，在放牧对土壤有机质的影响上，一些研究表明，放牧对土壤有机质没有影响（Milchunas and Lauenroth，1993；Wang et al.，1998；Keller and Goldstein，1998），认为草原生态系统对放牧有相当的弹性（Coffin et al.，1998；Milchunas et al.，1998）。而另外的研究结果认为，在土壤有机质含量较高、植被没有退化或有轻微退化且气候条件较好，并有一定的管理措施（施肥等）的条件下，放牧可以增加土壤有机质（Dormaar et al.，1984；Moraes et al.，1996；Derner et al.，1997；Sehuman et al.，1999；Wienhold et al.，2001；Reeder and Schuman，2002）。其他研究则认为放牧动物使草地生态系统碳的移出量增加（牲畜的屠宰和动物的消化过程）（Johnston et al.，1971；Greene et al.，1994），从而降低土壤有机质。也有人认为在重牧条件下有机质的降低是土壤侵蚀加重所致（Hiernaux et al.，1999）。若放牧地土壤本身含有较低的有机质，土壤的缓冲性能差，放牧后，也可导致土壤有机质降低，特别是在生态环境相对脆弱的半干旱和干旱地区。而 Milchunas 和 Lauenroth（1993）对比了世界 236 个地点的放牧和禁牧资料。结果发现地下生物量、有机碳、氮的变化与放牧间没有统一的变化规律，有时呈正相关，有时呈负相关。一方面，这反映了草原土壤系统具有滞后性和容量性（弹性）；更反映了气候、地形、土壤性质、植物组成、放牧动物类型、放牧历史等因素对土壤化学性质有重要的影响。另一方面，适牧、过牧和重牧这样的定性指标不能进行定量比较，因为不同地区、不同国家的人会有不同的理解。土壤有机质中的活性组分、颗粒状有机碳和氮、土壤微生物量碳和土壤微生物量氮等指标对人为干扰的影响敏感，能很好地反映土壤质量变化情况。适牧对草原土壤系统没有负面的影响，或有积极的影响，但长期超载过牧（特别是在相对脆弱的干旱和半干旱生态系统）会使系统崩溃。

四、开垦对草地生态系统的影响

就影响强度而言，草地开垦是影响草原土壤碳贮量最为剧烈的人类活动因素。至 1998 年，全球已有约 $6.6×10^8 hm^2$ 的草地被开垦成农田，占土地利用变化的近40%。草地开垦为农田通常会导致土壤中有机碳的大量释放。开垦后伴随的烧荒措施使原来固定在植被中的碳素全部释放到大气中。开垦使土壤中的有机质充分暴露在空气中，土壤温度和湿度条件得到改善，从而极大地促进了土壤呼吸作用，加速了土壤有机质的分解（Anderson and Coleman，1985）。此外，多年生牧草被作物取代后使初级生产固定的碳素向土壤中的分配比例降低（生物量的地下与地上比例降低），收割又减少了地上生物量中碳素向土壤的输入（Anderson and Coleman，1985；McConnell and Quinn，1988）。许多研究表明，草地开垦为农田后会损失掉原来土壤中碳素总量的30%～50%（Tiessen et al.，1982；Aguilar et al.，

1988；Davidson and Ackerman，1993）。大量碳损失发生在开垦后的最初几年，20年后趋于稳定（Schlesinger，1995）。

根据世界范围内草地开垦面积（$2.8×10^8hm^2$）及草地植被与土壤中含碳量变化的有关资料，Houghton（1995）估计：1850～1980年，由于开垦导致的草原生态系统碳素净损失量约为10Pg。其中，温带草原植被中碳素损失了0.5Pg，土壤碳损失量为15.7Pg；热带草原植被中碳素增加了1Pg，土壤碳增加了5.2Pg。温带草原土壤碳损失量约占同期全球陆地生态系统土壤碳损失总量的40%。

第三节　围封对草原的影响

全球草地面积约为$3.42×10^9hm^2$，约占陆地面积的40%（LeCain et al.，2002；Conant and Paustian，2002）。我国草地面积近$4×10^8 hm^2$，占全国陆地面积的40.7%（陈佐忠，2000）。它们不仅是重要的绿色生态屏障，而且也是重要的畜牧业生产基地，其功能的正常发挥对维持区域及全球性生态系统平衡有极其重要的作用。据保守估计，传统意义上放牧地占地球陆地面积的一半以上（侯扶江和杨中艺，2006）。因此，过度放牧成为人类施于草原生态系统最强大的影响因素，在全世界草地退化总面积中约有35%是过度放牧造成的（李凌浩，1998）。

草地围栏封育（简称围封），即把草场划分成若干小区，使围起来的退化草地因牲畜压力的消除而自然恢复。它是人类有意识调节草地生态系统中草食动物与植物的关系以及管理草地的手段。因其投资少、见效快，已成为当前退化草地恢复与重建的重要措施之一，并为世界各国广泛采用（周华坤等，2003）。

在不同的地区，围封时间的不同、围封方式的不同，会导致草地生态系统有不同甚至相反的响应。因此对草地生态系统各要素对围封的响应机制、适宜的围封时间尺度及围封方式等研究都受到国内外学者的广泛关注。本节内容从群落演替、植物多样性、草地生产力、土壤种子库以及土壤特征等方面综述了围封对草地的作用及其机制，并讨论了围封的时间尺度问题，旨在为草地生态系统的可持续管理与利用提供科学依据。

一、围封与草地群落的恢复演替

围封通过排除家畜的践踏、采食及排便等干扰，使草地群落向着一定方向演替。例如，放牧下匍生植物种增加，可食性牧草在过度放牧下减少或消失，而在围封后排除了放牧干扰则会使对放牧适应性强的植物种减少，对放牧反应敏感的植物种增加。诸多研究表明，对退化草地围封，整个群落会表现出向气候顶级群落演替的趋势（Hill et al.，1992；周华坤等，2003）。根据以往研究，总结出了退化草地群落围封后可能会出现 3 种演替模式：①单稳态模式（mono-stable-state）（图 2-5A），这一模式是 Dysterhuis 于 1949 年提出的，并将放牧演替中的植物区分为增加者、减少者和侵入者。单稳态模式认为，一个草场类型只有一个稳态（顶级或潜在自然群落），不合理的放牧所引起的逆行演替可以通过管理、减轻或停止放牧而恢复，并且认为恢复过程与退化过程途径相同，而方向相反。该模式是近年草地放牧演替绝大多数研究工作的理论基础。②多稳态模式（multi-stable-state）（图 2-5B），一些研究表明，当生态系统严重受损时，其恢复演替途径并不会按着其退化演替的相反途径进行。Schat（1989）和 Laycock（1991）等在干旱区草地研究发现，退化的草地类型在围封后并没有沿着其退化演替的逆途径恢复到原来顶级群落，而是较长期地稳定在演替的某一阶段，因而认为在一些草地的放牧演替中有多个稳态存在，即"多稳态模式"。并且注意到诸如外来种侵入、木本植物群落的建立、火烧等都会导致退化的群落难以恢复到原生群落类型。③滞后模式（lag model）（图 2-5C）。这一模式介于前两种模式之间，即退化群落可以恢复演替到原来的群落状态，但其恢复要在围封后较长的一段时间才能表现出来，其恢复演替不一定完全按照其退化演替的模式进行，并且往往会出现跃变的过程。例如，对内蒙古典型草原的退化类型冷蒿（*Artemisia frigida*）草原 11 年的围封研究表明，羊草（*Leymus chinensis*）与大针茅（*Stipa grandis*）是退化群落中的衰退种，在恢复演替前期（1983～1988 年），种群无明显增长，1989 年起跃升为主要优势种。米氏冰草（*Agropyron michnoi*）在退化群落中也是衰退种，1984～1988 年种群已有显著增长，1989 年以来仍是群落的优势成分之一。糙隐子草（*Cleistogenes squarrosa*）是退化群落的优势种，在 1987 年以前生物量比较稳定，1987 年以后种群趋于萎缩，成为群落结构下层的恒有成分。冷蒿是退化群落的主要优势种，在 1983～1988 年处于种群增长的态势，1989 年起开始趋于衰退，成为群落下层的伴生植物。变蒿（*Artemisia commutata*）在退化群落中是生物量较高的种群，1988 年以前，保持稳定，成为优势植物之一，1989 年以后，生物量急剧下降，成为稀有种。双齿葱（*Allium bidentatum*）与小叶锦鸡儿（*Caragana microphylla*）都是比较稳定的种群，在恢复演替过程中，其生物量的波动幅度较小（王炜等，1997）。

二、围封与植物多样性

有关围封禁牧对植物多样性的影响（与对应放牧样地相比），在以往研究中并未得出一致结论。①一些研究表明围封禁牧可以增加植物多样性，认为过度干扰可以使某些种群消失从而降低植物多样性，如强度放牧导致适口性牧草减少或消失，而围封后适口性牧草增加从而导致物种丰富度和多样性提高（Oliva et al.，1998；Milchunas et al.，1988）。②围封禁牧样地的多样性要低于自由放牧样地，

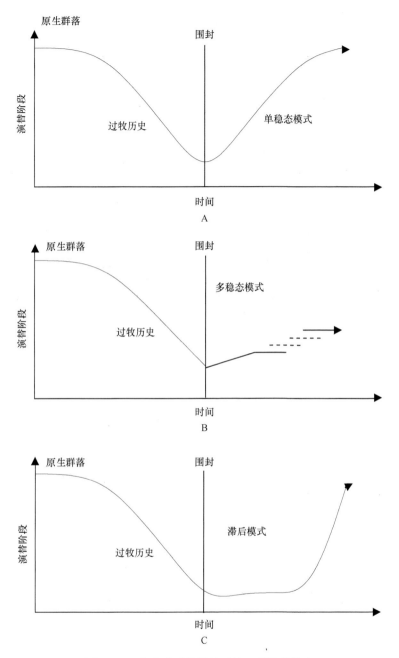

图 2-5　退化草地群落围封后的 3 种演替模式

该结论认为退化草地或作为对照的放牧草地均处在"中度干扰"阶段，即自然干扰下群落优势种的竞争力削弱从而使稀有种增加（Petraitis et al.，1989；Caswell and Cohen，1993），或者干扰产生多种生境斑块从而使不同演替阶段的种共存

（Connell，1978；Huston，1979，1994；Caswell and Cohen，1993），而围封措施排除了干扰使生境趋于均一化而导致生物多样性降低。诸多研究证实了此观点，如在美国俄克拉荷马州的沙蒿草地研究表明，多年生草的优势度增加而使围封草地的植物多样性和丰富度降低（Collins et al.，1988）。对亚利桑那州的研究表明，围封禁牧相对于中度放牧而言导致本地种增加很少并降低了物种丰富度（Matthew and Loeser，2006）。对高寒草甸的退化和未退化矮蒿（*Artemisia lancea*）草甸围封 5 年后，均表现出丰富度指数与多样性指数减少的趋势，其原因主要是围封有效抑制了毒杂草，杂类草减少明显。在内蒙古典型草原区，以冷蒿为建群种的退化羊草草原变型在 12 年的封育过程中，多样性指数表现为具有峰值的总体下降趋势，整个过程中多样性指数的变化趋势说明，以冷蒿为建群种的退化羊草草原群落具有较高的多样性，仍处于"中度干扰"阶段（宝音陶格涛和陈敏，1997）。对位于南美的世界最大的温带半湿润草原的相关研究也得到此结论，中度放牧使一些冷季生长的杂草植物被暖季生长的匍生草本植物（prostrate grasses）所代替，这一过程导致围封 9 年的草地的植物多样性显著低于中度放牧草地（Alice et al.，2005）。在芬兰西南部湿润草地（mesic grassland）的研究表明由于该类型草地的植物生长受自然因素的限制很小，因此放牧干扰明显增加其植物多样性和物种丰富度（Pykala，2005）。③一些研究认为在某些干旱区围封禁牧对植物多样性的影响较小甚至无影响。主要原因是，干旱区草地恢复是一个缓慢的过程。而且群落演替阶段跃迁需要特殊的降雨事件，如 Westoby 等（1989）认为围封对群落不会有实质性的影响除非一个特殊事件（罕见的大雨）驱动群落结构的改变。

以上研究结论多将放牧系统植物多样性差异归因于放牧强度差异，而更多相关研究表明群落结构和多样性是由放牧系统群落本身的生产力、放牧演化历史、植被外貌、生活型与放牧压力交互作用决定的（Huston，1979，1994；Milchunas et al.，1988；Milchunas and Lauenroth，1993；Noy-Meir，1993，1999；Proulx and Mazumder，1998；Osem et al.，2002）。因此，植物多样性对围封的响应是与草地生态系统本身、放牧历史、环境因子等相联系的，而其结果也取决于以上哪种生态过程在起主导作用。

三、围封与草地生产力

从机制上讲，围封对草地生产力既有促进作用又有抑制作用，一般来说，放牧退化的草地具有较低的牧草生产力（李永宏和汪诗平，1999），退化严重的草地围封后使原有的生长受到过度放牧抑制和削弱的群落得以休养生息，促进幼苗萌发和生长从而提高草地生产力。其抑制作用表现在限制牧草放牧条件下具有的超补偿性生长机制的发挥（Vickery，1992；McNaushton，1976）。其大量的凋落物和立枯降低植物生产的周转率（Risser，1993），影响资源的利用效率（Alice et al.，2005）。另外，在围封后群落演替过程中植物功能群的改变也会影响到群落生产力。一般来讲，恢复演替的顶级群落相对于退化群落具有更高的生产力。因此，植物对围封的响应取决于促进与抑制间的净效果，与立地条件和管理措施紧密相关（Noy-Meir，1993）。

四、围封与土壤种子库

土壤种子库对围封的响应相对于地上群落对围封的响应更具复杂性。不同研究背景下，研究结论及其机制也有所不同。一些研究表明围封不但可以改变土壤种子库的组成，还可以增加土壤种子库密度。例如，对内蒙古克氏针茅草原研究表明，围封草地种子库密度显著高于放牧草地，主要是由于其植被具有更大的密度和高度，能够积聚更多的包含种子的凋落物。另外，克氏针茅和糙隐子草在放牧样地的种子库密度显著大于在围封样地中的密度，表明多年生禾草在围封条件下可能比在放牧条件下更倾向于无性繁殖。冷蒿是草原退化的指示植物，它在围封草原土壤种子库中的密度增加可能是由两方面的原因造成的：一是围封后的生境不适合冷蒿种子的萌发，以至积累了较多的种子；二是围封后植被的恢复给冷蒿的生长增强了选择压力，因而产生了更多的种子。该研究中围封与放牧条件下克氏针茅草原土壤种子库与地上植被的相似性较高（詹学明等，2005）。对科尔沁退化沙质草地研究表明，围封可显著增加土壤种子库密度和植物种数，特别是显著增加了种子库群落中优良禾草的种数与密度，并得出围封与放牧样地的地上植被与土壤种子库组成具有较高的相似性。同时还发现围封和未围封草地在土壤种子库上的相似性要显著高于在地上植被组成上的相似性，表明放牧对地上植被组成的影响要远大于对土壤种子库组成的影响（李锋瑞等，2003）。一些研究发现围封对植被恢复起着"种子岛"作用，它们的存在可以缩短周围被干扰草地恢复的时间（赵文智和白四明，2001）。并且这种效应会以围封草地为中心，呈辐射状促进周围沙化草地土壤种子库恢复并随着距围栏距离的增加，作用逐渐减小（曹子龙等，2006）。

另外，有研究表明围封对土壤种子库总量无显著影响，但使其种类组成有所改变。例如，在美国得克萨斯州的半干旱区草地研究表明土壤种子库中种子总量在围封36年与放牧处理之间差异不显著，但物种组成在不同处理间有所变化，围封样地土壤种子库中具有高比例的演替后期种。而重度放牧样地中演替前期的植物种比例较高（Kinucan and Smeins，1992）。Rachel和Jose（1999）研究表明，在澳大利亚北部干旱区，围封与放牧样地的土壤种子库在总数与多样性上均无显著差异，导致这一结果有两个可能的原因，在干旱区围封后的植被恢复是非常缓慢的（Kelt and Valone，1995），另外干旱区植物群落的种间竞争在群落组成变化中起到的作用较小，即不会因选择性采食而导致某些物种消失（Waser and Price，1981）。该研究发现地表群落组成并不能直接反映土壤种子库状况，这种不一致性被多数研究解释为种子库中一年生植物比多年生植物占有更大的比重，而由于环境条件的限制一年生植物具有较低的萌发率。因此在土壤种子库中一年生植物种占优势，而多年生植物种则在地表植被中占优势（Coffin and Lauenroth，1989；Rice，1989；Kinucan and Smeins，1992；Pake and Venable，1995）。

五、围封与草地土壤特征

较多研究发现围封对退化草地土壤具有显著的恢复作用，主要表现在容易发生土壤侵蚀的沙地、坡地以及干旱区等环境条件下。对科尔沁沙地的围封实验表明，10 年的围封明显增加了地表植被盖度从而抑制了土壤侵蚀，并且家畜践踏的消除、土壤有机质含量的增加以及土壤中根含量的增加使围封样地的土壤容重显著减小（Su et al.，2003，2005）；并指出尽管围封后植被恢复较快，但土壤恢复需要一个缓慢的过程。Greenwood 等（1998）对英国威尔士南部冷温带草原研究表明，围封 2.5 年后由于消除家畜的践踏，表层土壤物理性质得到改善，相对于放牧样地土壤非饱和水传导率增加，土壤容重减小。在埃塞俄比亚最北部的丘陵地带（坡地）研究表明，围封不仅可以有效地恢复植被，而且也能改善土壤养分，减少土壤侵蚀。围封 5 年与 10 年的草地土壤有机质、全氮、速效磷含量均显著高于放牧地（Wolde et al.，2007）。其原因是，围封地的植被得以恢复，防止了降雨引起的溅蚀和径流侵蚀。另外，植被的恢复也增加了地表凋落物及根系周转向土壤的营养输入。Dormaar 等（1989）研究表明，长期放牧下土壤有机碳、氮等指标呈现减小趋势。在美国北部大草原研究发现围封草地与放牧草地相比具有较高碳含量，但全氮含量较低（Bauer et al.，1987）。Mcintosh 等（1997）发现围封可以增加草地的生物量，并使其地下根量增加 2 倍，同时放牧直接和间接地导致土壤养分损失，减小了土壤养分输入，这些损失可以通过建立地表植被和围封来恢复。

但也有研究表明围封对草地土壤养分存在负面影响机制，Reeder 和 Schuman（2002）发现，放牧 12 年和 56 年的草地其土壤碳含量显著高于未放牧地，而且重牧 56 年的草地土壤碳含量最高，原因在于封育草地地上凋落物过多而碳流不畅，封育导致群落中 1 年生牧草增加，而其根系太少不利于土壤有机质的形成和积累。而且随着围封时间的增加，凋落物在地表的积累也影响土壤温度和土壤水分，进而影响植物残体和凋落物的分解速率，直接影响到碳和养分的循环（Reeder et al.，2001）。北美大草原放牧近 80 年，重牧草地 0～107cm 土层有机碳相对于不放牧草地没有显著变化，Frank 和 Groffman（1998）认为物种组成变化补偿了天然草地放牧所引发的潜在的土壤碳损失。Basher 和 Lynn（1996）在坎特伯雷高原研究表明，围封对草地土壤碳、氮等养分含量影响较小。

六、围封的时间尺度

根据草地生态系统的可持续性原理（戎郁萍等，2004），草地围封不应是无限期的。封育期过长，不但不利于牧草的正常生长和发育，反而枯草会抑制植物的再生和幼苗的形成，不利于草地的繁殖更新（程积民和邹厚远，1995，1998）。因此，草地围封一段时间后，进行适当利用，可使草地生态系统的能量流动和物质循环保持良性状态，进而保持草地生态系统平衡。封育时间的长短，应根据草地退化程度和草地恢复状况而定（孙祥，1991）。相关研究发现，适当刈割及放牧利用，不但不会给草地造成损害，相反能改良草地质量，刺激牧草分蘖，促进牧草再生（程积民和邹厚远，1998）。

一般而言，未退化的草地封育是不可取的，在未退化矮嵩草草甸，由于封育，残留枯草、凋落物的盖度和生物量增大，抑制了群落生物生产潜力的发挥，优良牧草比例和草地质量下降明显，对群落生物多样性和群落生产稳定性造成影响。而冬春季节的适度放牧可有效清除枯草，削减生长冗余（张荣和杜国祯，1998），不对牧草造成太大生理伤害，有利于春天萌发和超补偿性生长（赵刚和崔泽仁，1999；李永宏和汪诗平，1999），符合放牧优化假说（Belsky，1986a；李文建，1999），有利于次级产品的产出。对半干旱沙地草场封育研究表明，长期完全封育并不能显著改善半干旱沙地草场的植被生产力及其放牧功能，而季节性封育（放牧）可以有效地维持半干旱沙地草场的群落与牲畜放牧间的非平衡状态及草场的放牧价值，即使对于在传统放牧（自由放牧）模式下退化的草场而言，完全封育的时间也不宜过长，一旦草场已恢复了其自身的弹性，就可进行季节性放牧，从而逐步建立起植物生长和牲畜采食间的正反馈关系（杨晓辉等，2005）。

对退化草地的围封时间尺度以及合理的放牧管理措施也进行了研究并得出了一些相应结论，如在降水条件较好的半干旱沙区，采取封沙育草措施，植被完全能够自然恢复，但其演替进程较长，需 10～15 年的时间（张华等，2003）。对退化的冷嵩草原研究表明，经过 11 年的恢复，群落生产力已接近原生群落。但是，从群落结构和群落的稳定性来看，还没有达到顶级群落阶段。从草地生产力和饲用品质的评价来看，退化群落经过 5～8 年的封育，可以重新放牧或割草利用，但应坚持合理的利用强度，绝不允许超负荷利用，以保持群落中优势种群的再生机制（王炜等，1997）。

草地类型、放牧历史、环境因子的不同，可能导致草地对围封的响应出现完全相反的结果。但目前对许多响应机制及生态系统恢复的时空尺度等问题尚不明确，如围封的合理时间尺度仍是一个有待解决的重要的命题（苏永中和赵哈林，2003a）。为了更好地解决尚不明确的和有争议的问题，对草地围封的研究仍有待加强和改进。基于此提出今后在围封研究工作中应该加强的 3 个方面建议：①加强对已有相关研究成果（包括草地的放牧历史）的总结与分析，对不明确和有争议的课题进一步深入研究。②建立长期的围封研究项目，有利于对生态系统结构和功能、干扰机制和恢复的时间动态有更清晰的认识。③增加围封研究的站点建设，改进实验设计方案，在不同景观梯度、不同水文、不同地文条件下建立系统的围封研究站点网络。有利于发展恢复生态学的理论基础，同时为诸多研究提供一个平台，而且其实践与理论价值会随时间增加而增值（Sarr，2002）。

第四节　风蚀对草原的影响

草原生境条件恶劣，能产生破坏性影响的气象灾害有十几种，主要的有风蚀、干旱和黑白灾 3 种。而风蚀被认为是草原诸灾之首（张建等，1988），其理由有 5 个。第一，典型草原区常受蒙古高压控制，持久、强劲的西风，对土壤的侵蚀在积年累月、有形无形中发生着。其他灾害则不然，旱不连年、涝不成片，黑白灾害有明显的季节性。因此在时空分布上就突出了风蚀的地位。第二，从危害程度上讲，风力对土壤的超量侵蚀是对土地资源本身的破坏，它不仅严重影响农牧业生产的稳定，更重要的是伤及人类生存的基础。土壤大规模流失，被当今世界惊呼为无声无息的危机，引起广泛的关注和忧虑。皮之不存，毛将焉附，对于人类的生产活动来讲，没有了具有生产力的土壤，其他一切都将无从谈起。相比之下，其他灾害虽也严重，但多是对在土地上所从事的各种生产的破坏，远不及风蚀的威胁大。第三，从灾害的后果和影响看，土壤侵蚀事关后代，而其他灾害仅事涉当年。当年农牧业歉收，给当地人民的生计造成一时困难，尚可补救。而整个草原沙漠化的严重危机，则关系到子孙后代、民族存亡。一旦沙漠化成为既定事实，则人力将难以挽救。第四，从危害的范围上讲，一般灾害多限于局部地区，但风蚀问题事关华北，危及北京。第五，从风与干旱的关系上讲，两者有深刻的内在联系。典型草原由于西风带来寒冷，驱走温湿气流，使本地区具有干旱、寒冷的特征，表现出它们的因果关系。在草原上，一旦风力的破坏力超过了生态韧度，就会因风蚀导致生态环境退化而形成恶性循环，使风蚀区出现越刮越旱，越旱越刮的趋势（张建等，1988）。

沙尘暴是沙暴和尘暴的总称（赵兴梁，1993）。当局部区域能见度大于等于 50m 且小于 200m 时，称为强沙尘暴；达到最大强度（瞬时最大风速大于等于 25m/s、能见度小于 50m 时），称为特强沙尘暴（徐国昌等，1979）。沙尘暴是沙漠及其邻近地区特有的一种自然灾害，是土地荒漠化程度的重要指标。世界四大沙暴区（中亚、北美、中非和澳大利亚），无一不与严重的荒漠化区相联系（王式功等，1996）。我国西北地区之所以成为中亚沙尘区的重要部分，原因也在此。沙尘暴的形成必须具备 2 个条件，一是有足够强大而持续的风，把大量沙尘、土粒吹入空中；二是土质干燥松散、植被稀疏、地表裸露，即风沙土地带最易形成沙尘暴。风沙土在我国分布很广，东起黑龙江，西至新疆 9 个省（自治区）都有，而土地荒漠化正每年以 1560km^2 的速度迅速扩大（全浩，1993）。此外在蒙古国南部、内蒙古北部至西部的戈壁滩都具有形成沙尘暴的条件，只要遇到适宜的气象条件均可发生这种灾害。2000 年春季，我国北方出现多次扬沙和沙尘暴天气，仅 4 月，就出现了 18 个沙尘暴日，共计 8 次沙尘暴天气过程（邱新法等，2001）。

关于沙尘源存在争论，"进口"的还是"国产"的？"进口"的是指沙尘物质来自蒙古国和相邻的中亚几个国家，"国产"的来自新疆、内蒙古、宁夏、甘肃等干旱、半干旱地区荒漠、退化的草原及沙地草地。但无论外源与内源各占比例多少，最近 30 多年来我国西部脆弱地区的生态退化是不争的事实。草原作为我国北方主要生态系统类型，其沙尘释放特征备受关注。

陈佐忠（2001）指出，沙尘暴发生大的地理背景是草原。无论是美国在 20世纪 30 年代发生的黑风暴，或者是苏联在 50 年代发生的黑风暴，以及我国今天日益严重的沙尘暴，都不是发生在降水丰富、气候湿润的森林区，也主要不是由于森林的砍伐而造成的，而是发生在干旱半干旱的草原区，这些地区的天然植被是草原，而非森林，或者说很少有森林，即使有也是在隐域地段或者在特殊的基质上，无林是这一地区重要的生态特点。我国北方的草原，其地理分布从大兴安岭东边的东北平原向西经内蒙古高原、黄土高原直至新疆山地。其年平均降水量从东向西呈有规律的递减，草甸草原年降水量 400mm 以上，典型草原年降水量350mm 左右，荒漠草原年降水量低于 250mm。在自然条件下，大面积的森林只生长于湿润、半湿润地区，由于受降水及土壤的限制，我国辽阔的草原区没有大面积的森林，草原无林是我国重要的生态特点。

草原风蚀是大气环流过程与生态过程共同作用的结果（陈佐忠，2001），在大的自然地理背景与特定的环境条件下主要是由生态过程决定的，而恶劣的气候条件则是由大气环流过程决定的。对大气环流过程，我们只能认识，能预测到什么程度一时还很难说；至于调控，恐怕也很困难。而生态过程就不同，生态过程在大的自然地理背景与特定环境条件下则主要是由人类活动决定的。

许中旗等（2005）通过风洞实验对典型草原研究结果表明，过牧草场的抗风蚀能力已受到严重的破坏，长期过牧草场在 16m/s 的风速下侵蚀率达到了 0.402kg/(min·m^2)。这种侵蚀率是非常惊人的，因为在典型草原的中心区锡林浩特地区，每年大风（≥8 级）日数一般在 70 天以上（姜恕，2003）。在典型草原区，开垦必然导致严重的土壤风蚀，开垦农田在 20m/s 的风速下侵蚀率达到 3.396 kg/ ($min·m^2$)，为禁牧草场的 91.8 倍，总侵蚀量为 14.032 kg/ ($min·m^2$)，是禁牧草场的 45.4 倍。从这些数据可以看出，在草原区开垦是应该被禁止的行为。

侵蚀率与干扰程度具有一定关系，但这种相关关系受到土壤性质的影响，如对于典型草原栗钙土，侵蚀率与干扰程度呈线性相关关系（许中旗等，2005），而对风沙土的研究结果表明，风沙土的风蚀率与地表破坏率呈二次幂函数关系，与土地开垦率呈指数函数关系（董治宝等，1998）。

第三章 不同利用方式下典型草原植被、土壤特征

典型草原又称为真草原或干草原，是温带内陆半干旱气候条件下形成的草地类型，其植物主要为真旱生与广旱生多年生丛生禾草。该类草原占内蒙古天然草地总面积的 1/3，但不合理的人为活动已使该区 50%左右的草原处于不同程度的退化之中（李博，1997），导致生物多样性的严重丧失和生产力的下降（汪诗平等，2001；李永宏，1993）。关于草地退化的驱动力，趋同的观点是气候因素起影响作用，而人为因素起主导作用。对于内蒙古典型草原而言，人类活动最广泛的方式是放牧，而对草原影响强度最大的利用方式是开垦。围封禁牧作为一种主要的草地恢复和重建的措施已为世界各国所广泛关注。对退化草地围封禁牧，不仅可以快速恢复其植被，而且在一定程度上也可起到恢复土壤的作用（Wolde et al.，2007）。

关于放牧下草原植被特征的变化已有了较成熟的研究结果，如在内蒙古典型草原，以羊草（*Leymus chinensis*）、大针茅（*Stipa grandis*）为主要优势种的原生群落类型，在持续重牧条件下，将退化为以冷蒿（*Artemisia frigida*）为优势种的退化类型（李永宏，1995）。随着草原退化程度的日益加剧，草原退化的特征已经由以植被特征变化为主演变到土壤退化的阶段。因此，需要加强对人为干扰下草原土壤退化的机理研究，而对于我国北方草原而言，风蚀是土壤退化的主要途径，但目前能够反映草原风蚀状况的土壤粒度特征变化的实测数据缺乏。

本实验通过对放牧、开垦与不同围封时间下不同退化程度典型草原群落数量特征及土壤理化特征进行分析，深入研究草地群落组成、丰富度与多样性、盖度、高度、地上生物量、土壤草根含量以及土壤容重、土壤粒级分布、土壤养分特征在不同利用方式下的变化规律。并以围封样地为对照，着重分析放牧与开垦下草原土壤容重、粒度等反映土壤风蚀状况的特征指标的变化机制。

第一节 不同利用方式下大针茅、羊草草原植被 与土壤特征变化

一、植被特征变化

（一）植物多样性

由表 3-1 可以看出，在 A 组样地中，从单位面积物种数、丰富度指数、多样

性指数来看，围封 26 年样地均为最高。围封 7 年样地的丰富度指数（Menhinick
指数）显著高于围封 2 年和未围封样地。而在多样性指数上，围封 7 年样地、围
封 2 年样地和未围封样地间均无显著差异（$P>0.05$）。表明长时间的围封禁牧使
群落维持了较高的植物多样性，而放牧导致了植物多样性的降低，而且在短期围
封后未表现出恢复的趋势。从均匀度指数来看，4 个样地的 Shannon 均匀度无显
著差异（$P>0.05$），而在 Simpson 均匀度上差异显著（$P<0.05$），其中围封 2 年
样地的最高，而围封 26 年样地的最低，围封 7 年与未围封样地介于前两者之间。
这表明，长期无干扰下的群落自然演替和长期放牧下的选择性采食都会导致群落
的均匀度降低。在 B 组样地，围封 26 年样地与放牧样地的单位面积物种数、多
样性指数和均匀度指数差异不明显。而在丰富度指数（Menhinick 指数）上，围封
26 年样地显著低于放牧样地。在 A 组样地中，开垦耕地为混播的人工牧草地，因
此在单位面积物种数、多样性指数上除显著低于围封 26 年草地外，与短时间围封
及放牧草地无显著差异。

表 3-1　放牧、开垦与围封下群落物种丰富度指数、多样性指数和均匀度指数

项目	A-E26	A-E7	A-E2	A-G	A-C	B-E26	B-G
单位面积物种数	14.11±0.92a	8.51±0.44bc	7.67±0.88c	9.00±0.53bc	7.00±0.58c	10.22±0.62b	10.22±0.43b
丰富度指数							
Margalef 指数	2.17±0.14a	1.41±0.07c	1.13±0.13c	1.33±0.09c	1.21±0.12c	1.74±0.05b	2.16±0.04a
Menhinick 指数	0.69±0.04c	0.59±0.02c	0.41±0.03d	0.45±0.03d	0.59±0.05c	1.58±0.05b	1.89±0.04a
多样性指数							
Shannon 指数	1.74±0.09a	1.43±0.06b	1.31±0.09b	1.45±0.04b	1.24±0.08b	1.31±0.07b	1.44±0.06b
Simpson 指数	4.56±0.51a	3.48±0.20b	3.14±0.29b	3.34±0.20b	2.80±0.43b	2.88±0.22b	3.47±0.30b
均匀度指数							
Shannon 均匀度	0.66±0.03ab	0.67±0.02a	0.66±0.02ab	0.67±0.02a	0.65±0.06ab	0.57±0.03b	0.62±0.03ab
Simpson 均匀度	0.33±0.04b	0.41±0.02a	0.43±0.03a	0.38±0.04ab	041±0.08a	0.29±0.03b	0.34±0.03ab

注：数据后的不同字母表示样地间差异显著（$P<0.05$），本章同

A 组样地：A-E26，围封 26 年；A-E7，围封 7 年；A-E2，围封 2 年；A-G，持续放牧；A-C，开垦耕地 35 年。
B 组样地：B-E26，围封 26 年；B-G，持续放牧，下同

（二）群落组成

从不同时间围封及放牧的各样地主要植物种优势度计算结果来看（表 3-2），
所有样地大针茅均占优势地位。在频度调查中，在 A 组样地中，大针茅在围封和
放牧的 4 个样地中的出现频度均为 100%。但在各样地中各植物种相对重量以及出
现频度存在一定差异，随围封时间的延长，退化指示植物糙隐子草的比重和出现
频度有减少的趋势。例如，糙隐子草在未围封和围封 2 年、7 年、26 年样地中的
相对重量分别为 13.81%、19.98%、10.74% 和 1.94%。表明长期放牧下，群落表现

表 3-2 放牧、开垦与围封下群落中主要植物种的频度和优势度（重要值）

植物种	A-E26 频度/%	A-E26 重要值	A-E7 频度/%	A-E7 重要值	A-E2 频度/%	A-E2 重要值	A-G 频度/%	A-G 重要值	A-C 频度/%	A-C 重要值	B-E26 频度/%	B-E26 重要值	B-G 频度/%	B-G 重要值
大针茅 Stipa grandis	100.00	41.09	100.00	49.71	100.00	53.69	100.00	51.64			100.00	45.66	100.00	48.05
羊草 Leymus chinese	100.00	35.87	93.33	23.10	100.00	31.13	100.00	34.84	80.00	24.61	100.00	57.63	100.00	31.85
寸草薹 Carex duriuscula	86.67	40.36	86.67	18.81	100.00	15.46	100.00	32.21			94.74	23.76	68.42	5.25
冰草 Agropyron cristatum	86.67	20.07	93.33	40.47	100.00	30.32	33.33	6.70			84.21	14.49	94.74	34.16
羽茅 Achnatherum sibiricum	73.33	32.91	93.33	38.09	46.67	13.34	88.89	16.17			0.00		0.00	
糙隐子草 Cleistogenes squarrosa	80.00	11.67	93.33	22.15	100.00	21.56	100.00	17.20			78.95	8.01	89.47	19.82
落草 Koeleria cristata	60.00	10.43	33.33	7.20	20.00	4.75	44.44	4.45			26.32	6.49	47.37	4.65
刺穗藜 Chenopodium aristatum	6.67		13.33	3.09	20.00		88.87	7.01			100.00	9.89	100.00	15.34
灰绿藜 Chenopodium glaucum	60.00	5.08	40.00		26.67		33.33	1.94			78.95	6.20	100.00	6.03
猪毛菜 Salsola collina	6.67		13.33	0.67	26.67	0.66	55.56	6.85			73.68	6.68	94.74	7.75
细叶葱 Allium tenuissimum	53.33	15.69	53.33	17.44	53.33	10.45	44.44	7.17			42.11	15.32	21.05	2.82
双齿葱 Allium bidentatum	33.33	2.88	13.33		0.00		33.33	1.78			57.89	9.11	5.26	0.75
矮葱 Allium anisopodium	13.33	3.39	0.00		0.00		0.00				21.05		36.84	11.15
小叶锦鸡儿 Caragana microphylla	46.67	10.57									0.00		0.00	
冷蒿 Artemisia frigida	86.67	9.59									0.00		5.26	
阿尔泰狗娃花 Heteropappus altaicus	53.33	12.69									0.00		0.00	
知母 Anemarrhena asphodeloides	0.00		6.67		0.00		0.00				26.32	19.42	26.32	3.68
细叶鸢尾 Iris tenuifolia	0.00		0.00		0.00		0.00				21.05	10.45	5.26	0.95
紫花苜蓿 Medicago sativa									100.00	21.78				
披碱草 Elymus dahuricus									90.00	11.46				
无芒雀麦 Bromus inermis									75.00	37.02				

出退化趋势。在未围封样地中一年生植物刺穗藜（*Chenopodium aristatum*）和猪毛菜出现并占一定的比重，在出现频度上也都显著高于围封样地（$P<0.05$）。在 B 组样地中也具有类似的结果，该结果表明放牧导致了一年生植物的增加。另外，在 A 组样地中，围封 26 年的样地中出现小叶锦鸡儿，并具有一定的优势度。而且其出现频度已经达到 46.67%。表明在长时间的围封下该样地呈现出一定的灌丛化趋势。在 A 组样地中，开垦耕地中群落主要为紫花苜蓿（*Medicago sativa*）、披碱草（*Elymus dahuricus*）、无芒雀麦（*Bromus inermis*）和羊草，在种类组成上与天然的围封与放牧草地具有显著差异。

（三）群落高度和盖度

图 3-1A 显示，未围封和围封 2 年、7 年、26 年样地的群落平均高度分别为 7.9cm、20.4cm、31.4cm、22.6cm。4 个样地群落平均高度差异显著（$P<0.05$），而且 3 种围封样地群落平均高度均显著高于未围封样地，但围封 2 年与围封 26 年的样地之间差异不显著，而围封 7 年的样地平均高度显著高于围封 2 年和围封 26 年的样地。从图 3-2 可以看出，4 个样地群落盖度与群落高度具有一致的比较结果。以上结果表明对放牧草地实施围封可显著增加群落的平均高度和盖度，但并非围封时间越长，群落高度与盖度就越高，围封时间过长反而会抑制植物的生长。在 A 组样地中，开垦耕地的群落高度显著低于围封 7 年草地，显著高于围封 2 年及放牧草地，与围封 26 年草地无显著差异；在群落盖度上，开垦耕地介于围封与放牧草地之间。

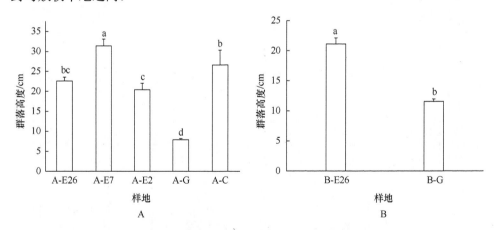

图 3-1　放牧、开垦与围封下大针茅、羊草草原群落高度

柱上不同字母表示处理间差异显著（$P<0.05$），下同

（四）地上生物量

从图 3-3A 可以看出，在 A 组样地，围封 26 年、7 年、2 年的 3 个围封样地

的活体生物量无显著差异，分别为 108.19g/m²、113.05g/m²、96.86g/m²，但 3 个围封样地均显著高于未围封样地，未围封样地的活体生物量仅为 30.18g/m²。开垦耕地地上活体生物量与 3 个围封样地无显著差异。从立枯量与凋落物量来看，围封样地（除围封 2 年外）均显著高于自由放牧和开垦样地。由于自由放牧条件下，牲畜的采食导致立枯量甚微甚至为 0，从而也导致凋落物的减少；开垦则由于人为的耕作及收割导致较少的凋落物量和立枯量。另外，围封 7 年样地除活体生物量与围封 26 年样地相当外，凋落物量与立枯量均显著高于围封 26 年样地。从地上现存量（活体生物量、凋落物量、立枯量之和）的变化看，呈现出先随围封时间的增加而增加，而后又呈减小的趋势。其中围封 7 年样地的地上现存量最高，达到 579.82 g/m²，分别是围封 26 年、围封 2 年、未围封样地的 1.9 倍、3.4 倍、16.2 倍。这表明过长时间的围封已限制了草地生产力的发挥。在 B 组样地（图 3-3B），在活体、凋落物和立枯上，放牧草地均显著低于围封草地。

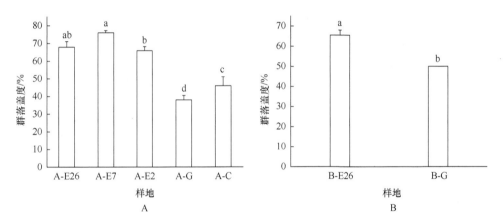

图 3-2　放牧、开垦与围封下大针茅、羊草草原群落盖度

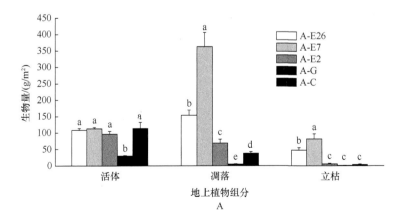

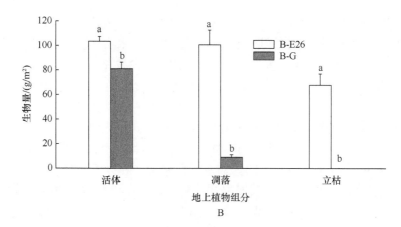

图 3-3　放牧、开垦与围封下大针茅、羊草草原群落的地上生物量（干重）

（五）土壤草根含量

从图 3-4 可以看出，在 A 组样地，未围封和围封 2 年、7 年、26 年样地的地下根量（0～60cm）分别为 2733.6 g/m²、3196.6 g/m²、3348.5 g/m²、3005.5 g/m²，4 个样地的地下总根量差异不显著（$P>0.05$）。放牧和围封的天然草地地下根量均显著高于开垦耕地。围封与放牧的 4 个样地土壤各层中根量分布也无显著差异（$P>0.05$），表明地下根量的变化受围封的影响较小。这可能与本实验中放牧样地的放牧率较小有关，其干扰强度还不足以引起土壤中草根含量的变化。在 B 组样地，围封与放牧草地的地下根量也无显著差异。

二、土壤特征变化

（一）土壤容重

从表 3-3 中可以看出，各样地土壤容重均有随深度增加而增加的趋势，在 A 组样地中，持续放牧草地各层的土壤容重均值均高于 3 个围封草地，在 0～10cm 表现最为明显（$P<0.05$）。说明自由放牧显著影响了表层土壤容重，而围封 26 年、围封 6 年、围封 2 年的 3 个样地间无显著差异，说明短期围封即可使表层容重恢复。开垦对土壤性质影响显著，耕地的土壤容重显著高于与之相邻的放牧和围封草地。在 B 组样地中，持续放牧草地的表层土壤容重均值也略高于围封草地，但未达到显著水平，说明该区目前的放牧强度未对土壤容重造成显著影响。

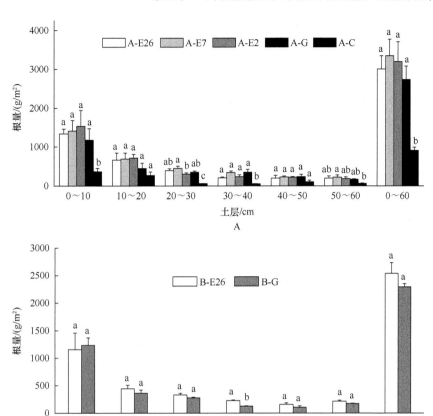

图 3-4　放牧、开垦与围封下大针茅、羊草草原群落草根含量

表 3-3　放牧、开垦与围封下大针茅、羊草草原不同层次土壤容重（单位：g/cm³）

土层深度/cm	A-E26	A-E6	A-E2	A-G	A-C	B-E26	B-G
0～10	1.20±0.03d	1.23±0.03cd	1.22±0.02d	1.31±0.02bc	1.43±0.05a	1.35±0.02ab	1.42±0.04a
10～20	1.31±0.04ab	1.38±0.08ab	1.27±0.05b	1.39±0.02ab	1.44±0.02a	1.30±0.03ab	1.35±0.03ab
20～30	1.36±0.04ab	1.42±0.05a	1.35±0.03ab	1.44±0.03a	1.37±0.04a	1.24±0.02b	1.30±0.04ab
30～40	1.34±0.06ab	1.42±0.02ab	1.33±0.03b	1.47±0.03a	1.42±0.04ab	1.34±0.04ab	1.37±0.04ab
40～50	1.39±0.04a	1.46±0.03a	1.39±0.03a	1.40±0.05a	1.37±0.02a	1.33±0.04a	1.43±0.01a
50～60	1.47±0.02a	1.44±0.04a	1.38±0.00a	/	1.42±0.03a	1.40±0.05a	1.48±0.03a

（二）土壤粒级分布

　　从土壤粒级分布看，在大针茅、羊草草原，不同的围封时间及放牧条件下，其土壤粒级分布均无显著差异，说明目前的放牧强度未对土壤的粒级分布造成显

著影响。但开垦显著导致了土壤颗粒的粗化，这种影响主要体现在 20cm 以内土层，如在 0~10cm 土层，其黏、粉粒含量显著低于天然草地，而其砂粒含量显著高于天然草地（表 3-4）。

表 3-4 放牧、开垦与围封下大针茅、羊草草原各层土壤粒级分布（%）

土层深度/cm	样地号	土壤粒级分布		
		黏粒（<0.002mm）	粉粒（0.002~0.05mm）	砂粒（0.005~2mm）
0~10	A-E26	11.53±1.00a	50.71±0.78a	37.76±1.07d
	A-E7	11.45±1.16a	51.02±1.79a	37.53±2.62d
	A-E2	11.40±0.44a	47.89±0.65a	40.71±1.08cd
	A-G	12.33±0.27a	50.44±1.11a	37.23±1.37d
	A-C	7.27±0.51b	24.55±3.04d	68.18±3.53a
	B-E26	10.59±0.94a	37.54±1.76c	51.87±1.03b
	B-G	11.71±0.59a	42.72±1.35b	45.56±0.80c
10~20	A-E26	10.29±0.46a	43.32±1.18a	46.38±1.21b
	A-E7	10.35±0.90a	41.85±2.55a	47.80±3.40b
	A-E2	10.48±0.22a	43.47±0.58a	46.04±0.80b
	A-G	11.18±0.84a	42.79±1.69a	46.03±2.22b
	A-C	8.88±1.36a	27.21±3.47b	63.92±4.26a
	B-E26	9.06±1.20a	32.30±1.28b	58.65±2.33a
	B-G	11.37±0.40a	41.05±0.50a	47.58±0.31b
20~30	A-E26	9.31±0.84a	26.92±1.81a	63.78±1.25a
	A-G	8.65±0.50a	29.76±1.55a	61.59±2.03a
	A-C	10.95±0.73a	30.82±2.11a	58.23±2.59a
30~40	A-E26	7.18±0.13c	22.64±0.60b	70.18±0.63a
	A-G	9.64±0.30a	28.39±3.84ab	61.97±4.15ab
	A-C	8.53±0.19b	31.91±0.90a	59.55±1.04b
40~50	A-E26	8.22±0.81a	22.41±1.04a	69.37±1.49a
	A-G	10.31±1.73a	26.76±3.79a	62.93±4.92a
	A-C	9.74±1.11a	30.59±1.32a	59.67±1.95a
50~60	A-E26	7.96±1.13a	23.16±2.85a	68.88±3.65a
	A-G	9.11±2.31a	26.35±5.22a	64.54±7.53a
	A-C	8.27±1.41a	30.49±1.32a	61.24±1.56a

（三）土壤养分含量

从各样地土壤养分含量来看（表 3-5），随深度增加，各样地土壤养分含量均呈减小趋势。围封样地表层土壤（0~10cm）的有机碳、全氮、全磷含量均值均略高于自由放牧样地，但这种差异均未达到统计学上的显著性水平（$P<0.05$）。说明目前的放牧压力还未对土壤有机质、全氮、全磷含量造成显著影响，而开垦导致了土壤养分含量的显著降低，其表层土壤有机碳含量降低了 55.5%。

表 3-5　放牧、开垦与围封下大针茅、羊草草原不同层次土壤养分含量（单位：g/kg）

指标	土层深度/cm	A-E26	A-E6	A-E2	A-G	A-C	B-E26	B-G
有机碳	0～10	21.55±1.63a	20.49±1.92a	21.64±2.03a	18.86±3.10ab	9.60±0.42c	14.16±0.88bc	11.29±0.6c
	10～20	14.46±0.62a	13.43±1.98a	15.86±1.45a	16.10±1.34a	9.14±0.24b	13.80±0.28a	9.59±6.02b
	20～30	10.79±1.08a	10.49±0.77a	11.29±0.53a	10.42±0.86a	7.25±0.75b	11.45±1.88a	8.09±0.46a
	30～40	9.40±0.77a	9.33±0.25a	9.50±0.52a	8.39±1.49a	6.02±0.38a	7.48±0.88a	7.01±0.25a
	40～60	8.68±0.59a	8.19±0.24a	8.43±0.18a	5.99±0.74b	4.37±0.49c	7.85±0.43a	4.56±0.20c
	60～80	7.68±0.44a	7.57±0.40a	7.51±0.14a	3.93±0.83b	2.33±0.28b	4.28±0.78b	2.60±0.15b
	80～100	7.25±0.45a	6.31±0.81a	6.55±0.28a	2.24±0.98b	2.10±0.26b	2.16±0.66b	/
全氮	0～10	2.101±0.145a	1.994±0.135ab	2.163±0.179a	1.887±0.269ab	/	1.556±0.053bc	1.277±0.103c
	10～20	1.359±0.078ab	1.434±0.148a	1.557±0.107a	1.639±0.079a	/	1.604±0.033a	1.110±0.078b
	20～30	1.024±0.073ab	1.039±0078ab	1.099±0.044ab	1.176±0.050ab	/	1.339±0.196a	0.902±0.045ab
	30～40	0.894±0.037a	0.913±0.048a	0.935±0.016a	0.951±0.124a	/	0.902±0.078a	0.799±0.038a
全磷	0～10	0.369±0.012a	0.349±0.017ab	0.377±0.019a	0.318±0.035ab	/	0.292±0.003bc	0.251±0.010c
	10～20	0.290±0.015a	0.294±0.019a	0.320±0.015a	0.288±0.010a	/	0.312±0.012a	0.240±0.018a
	20～30	0.235±0.009b	0.240±0.006b	0.252±0.000b	0.239±0.006b	/	0.309±0.018a	0.226±0.017b
	30～40	0.227±0.001b	0.235±0.002b	0.244±0.006b	0.254±0.011b	/	0.292±0.007a	0.235±0.017b

（四）土壤粒级分布与土壤养分的关系

由图 3-5 可知，土壤养分含量与土壤粒级分布呈现显著的线性关系，均表现出随着土壤细颗粒（黏、粉粒）含量增加而增加，随着粗颗粒（砂粒）含量增加而减少的趋势。根据拟合方程可知，土壤砂粒含量每增加 1%，即土壤黏、粉粒含量每减少 1%，土壤有机碳、全氮和全磷含量将分别降低 0.388 41g/kg、0.056 97g/kg 和 0.005 93g/kg。

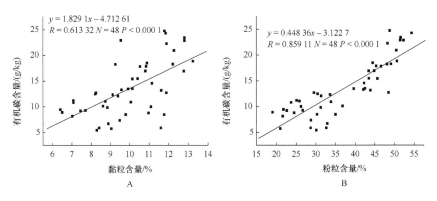

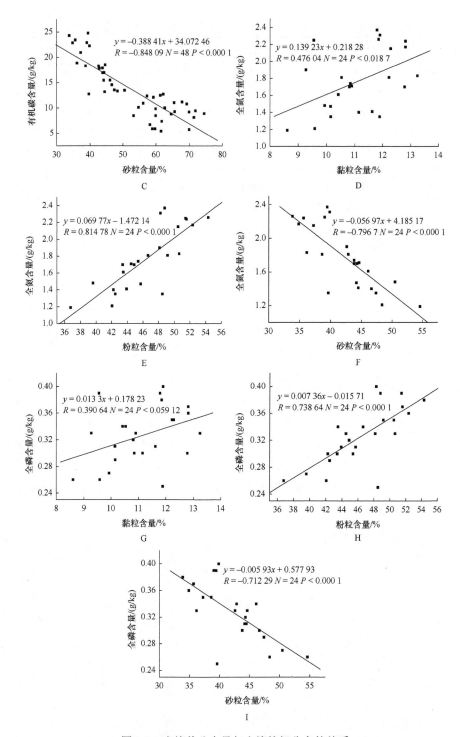

图 3-5　土壤养分含量与土壤粒级分布的关系

第二节 不同利用方式下冷蒿草原植被与土壤特征变化

一、群落特征变化

（一）植物多样性

由表 3-6 可以看出，从单位面积物种数、丰富度指数、多样性指数来看，围封 8 年样地均为最高。围封 24 年样地与持续放牧样地无显著差异。3 个样地群落均匀度指数均无显著差异。这表明，对退化草原进行围封，随着时间的进程，其植物多样性和物种丰富度呈现先增加后降低的趋势。而围封未对其均匀度产生显著影响。在开垦耕地，物种丰富度及多样性都显著低于天然草地。

表 3-6 放牧、开垦与围封下冷蒿草原群落物种丰富度指数、多样性指数和均匀度指数

项目	C-E24	C-E8	C-G	C-C
单位面积物种数	12.00±0.84b	14.20±0.58a	10.60±0.40b	3.00±0.10c
丰富度指数				
Margalef 指数	2.03±0.16ab	2.38±0.08a	1.74±0.10b	0.31±0.02c
Menhinick 指数	0.82±0.06ab	0.89±0.05a	0.67±0.06b	0.12±0.01c
多样性指数				
Shannon 指数	1.62±0.15b	2.01±0.06a	1.78±0.07ab	0.56±0.01c
Simpson 指数	4.22±0.65b	5.89±0.56a	4.79±0.34ab	1.43±0.05c
均匀度指数				
Shannon 均匀度	0.66±0.05a	0.76±0.03a	0.75±0.03a	0.51±0.01a
Simpson 均匀度	0.35±0.04a	0.42±0.05a	0.45±0.03a	0.48±0.03a

（二）群落组成

从各样地主要植物种相对重量（相对活体生物量）计算结果来看（表 3-7），围封恢复 24 年草地中，优势种为冰草、大针茅、小叶锦鸡儿；围封恢复 8 年草地中，优势种为冰草、大针茅和羊草；在持续放牧的退化草地中，优势种为冷蒿、冰草和糙隐子草。表明在放牧的退化草原中冷蒿在群落中的优势度呈增加趋势，而在围封恢复的草地中，大针茅和羊草呈增加趋势。在围封草地中小叶锦鸡儿的比重明显增加，表明对退化草原长期围封将导致其向灌丛化方向发展，这也是草原退化的指示。而在围封恢复与放牧退化草地中，冰草在群落中比重较稳定，未呈现出显著的波动。在开垦耕地，其群落种类组成完全改变，天然草地原生群落中的物种基本消失，以种植的一年生农作物为主，其中荞麦占绝对优势，在群落中的比重达到82.46%。

表 3-7　放牧、开垦与围封下冷蒿草原群落主要植物种相对重量

植物种	相对重量/%			
	C-E24	C-E8	C-G	C-C
大针茅 *Stipa grandis*	22.89±7.38a	16.12±5.47a	13.16±4.89a	
羊草 *Leymus chinensis*	4.06±2.12ab	15.52±7.10a	1.94±1.26b	
冰草 *Agropyron cristatum*	25.95±4.97a	19.83±1.79a	22.77±4.26a	
冷蒿 *Artemisia frigida*	6.46±2.98b	11.00±3.47b	24.40±5.67a	
糙隐子草 *Cleistogene squarrosa*	2.51±0.92b	5.95±1.17b	19.87±3.33a	
小叶锦鸡儿 *Caragana microphylla*	22.47±0.92a	9.40±0.92b	0.00c	
寸草薹 *Carex duriuscula*	2.24±1.47a	6.15±2.31a	5.83±2.20a	
木地肤 *Kochia prostrata*	6.05±3.69a	8.32±2.09a	2.55±1.07a	
猪毛菜 *Salsola collina*	0.00b	0.00b	2.74±0.62a	
羽茅 *Achnatherum sibiricum*	2.02±1.71a	0.00b	0.00b	
双齿葱 *Allium bidentatum*	0.00b	0.00b	2.95±0.94a	
落草 *Koeleria cristata*	0.00b	1.52±0.61a	0.00b	
荞麦 *Fagopyrum esculentum*				82.46±3.80
黍子 *Panicum miliaceum*				4.29±0.23
谷子 *Pennisetum glaucum*				13.25±0.90

（三）群落盖度和高度

图 3-6 显示,围封 24 年、8 年和持续放牧草地的群落平均高度分别为 28.40cm、29.80cm、5.40cm。3 个样地群落平均高度差异显著（$P<0.05$）,而且 2 个围封草地群落平均高度均显著高于未围封草地,但围封 24 年与围封 8 年的草地之间差异不显著。4 个样地在群落盖度和群落高度上具有一致的比较结果。由以上结果可知,持续放牧导致群落盖度与高度显著降低,这势必会引起植被对土壤的保护性作用降低,进一步为草原土壤风蚀创造了条件。开垦耕地的群落盖度介于围封与持续放牧草地之间,其群落高度与围封草地相当,显著高于持续放牧草地（$P<0.05$）。

（四）地上生物量

从图 3-7 可以看出,围封 24 年与围封 8 年草地的地上活体生物量均值分别为 173.48g/m^2 和 156.46g/m^2,二者之间无显著差异。但两个围封草地的地上活体生物量均显著高于持续放牧草地,分别是持续放牧草地的 7.51 倍和 6.77 倍。从立枯

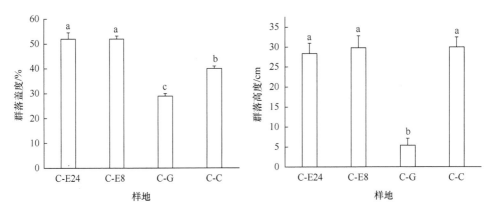

图 3-6　放牧、开垦与围封下冷蒿草原群落高度及盖度

量与凋落物量来看，围封草地均显著高于持续放牧草地。由于持续放牧条件下，牲畜的采食导致立枯量甚微甚至为 0，也导致凋落物的减少，持续放牧草地的凋落物量仅为 6.84 g/m²，相对于围封 24 年和围封 8 年草地分别减少了 91.58% 和 93.25%。开垦耕地的地上活体生物量介于围封草地与持续放牧草地之间，在农业耕作的条件下，其基本无凋落物与立枯的积累。

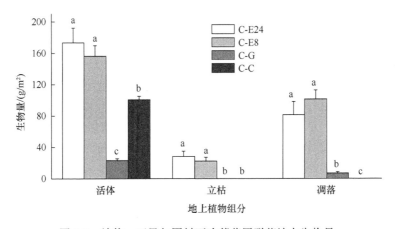

图 3-7　放牧、开垦与围封下冷蒿草原群落地上生物量

（五）土壤草根含量

从图 3-8 可以看出，持续放牧草地的地下根量（0～40cm）最低，仅为 876.93 g/m²，相对于围封 24 年和围封 8 年草地分别降低了 37.78% 和 57.57%。开垦耕地土壤中根量与持续放牧草地无显著差异。围封 8 年草地的地下根量显著高于围封 24 年草地，这可能与 2 类样地的群落种类组成有关，在围封 8 年草地中根茎发达的羊草的比重显著高于围封 24 年草地。而从地下不同层次的根量来看，4

类样地地下根量的差异主要表现在表层（0～10cm），这与根量的垂直分布有直接关系，典型草原地下根系主要集中在地下 30cm 以上，而 0～10cm 根量可占地下总根量的 50%以上。

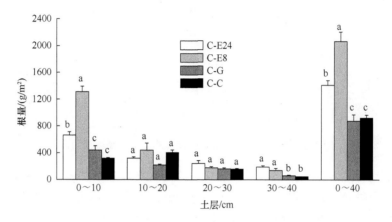

图 3-8　放牧、开垦与围封下冷蒿草原群落草根含量

二、土壤特征变化

（一）土壤容重

从图 3-9 中可以看出，各样地土壤容重均有随深度增加而增加的趋势，2 个围封样地各层土壤容重均无显著差异，而在 0～10cm，持续放牧样地的土壤容重显著高于围封 24 年样地（$P<0.05$），10cm 以下各层与围封样地无显著差异。而开垦耕地土壤容重在 30cm 以上各层均显著高于围封 24 年草地（$P<0.05$）。表明放牧主要影响表层土壤的容重，而开垦对土壤容重的影响可以至地下 30cm。

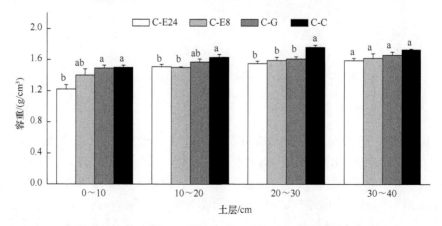

图 3-9　放牧、开垦与不同围封时间下冷蒿草原各层土壤容重

（二）土壤粒级分布

从土壤粒级分布看（图 3-10），相对于持续放牧草地和开垦耕地，围封草地具有更高的黏、粉粒含量，而砂粒含量较低。例如，在 0～10cm 土层中，4 个样地中土壤砂粒含量表现为开垦耕地（83.66%）＞持续放牧草地（75.19%）＞围封 24 年草地（57.19%）≈围封 8 年草地（56.09%）。开垦与放牧明显导致土壤粗粒化。

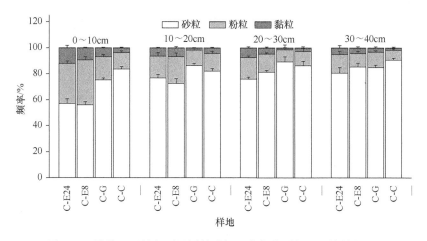

图 3-10　放牧、开垦与不同围封时间下冷蒿草原各层土壤粒径分配

（三）土壤有机碳含量

由图 3-11 可以看出，2 个围封样地土壤有机碳含量显著高于放牧样地和开垦样地，在土壤表层表现最为明显，围封 24 年与围封 8 年草地 0～10cm 土壤有机碳含量（均值）分别为 15.59g/kg 与 16.64g/kg，二者之间无显著差异，以围封 24 年样地为对照，放牧和开垦样地 0～10cm 土壤有机碳含量分别下降了 39.83% 和 63.63%。而放牧样地与开垦样地相比，前者表层土壤有机碳含量显著高于后者。因此，相对于放牧而言，开垦对土壤养分含量的影响更为剧烈。

（四）土壤养分与土壤粒级分布相关关系

从图 3-12 中可以看出，土壤有机碳含量与土壤黏、粉粒含量呈显著的线性正相关关系，而与砂粒含量呈显著线性负相关关系。由拟合方程可知，土壤中砂粒含量每增加 1%，即土壤中黏、粉粒含量每被吹蚀 1%，其土壤有机碳含量将减少 0.349 45g/kg。

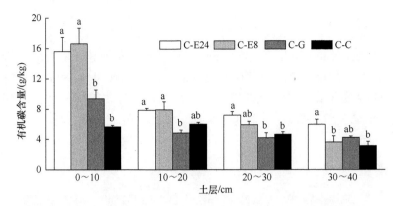

图 3-11 放牧、开垦与不同围封时间下冷蒿草原各层土壤有机碳含量

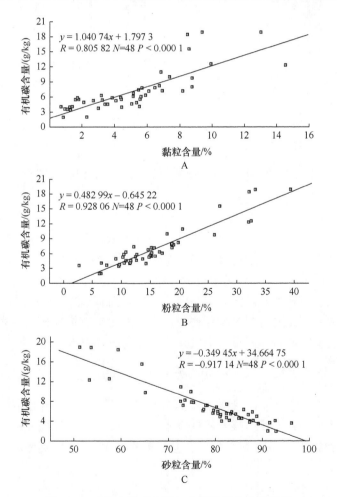

图 3-12 土壤有机碳含量与土壤粒级分布的关系

第三节　不同利用方式对草原植被、土壤特征的影响

一、放牧对草原植被、土壤特征的影响

放牧通过采食作用，使草地群落的地上部分发生显著变化，会导致群落盖度、高度及地上生物量显著降低。这在大针茅、羊草草原群落和冷蒿草原群落均有体现。但放牧对群落种类组成及地下部分的影响则是一个较缓慢的过程，或者说在一定放牧强度及放牧时间下不会使之发生改变。在分别对原生群落类型和退化类型草地不同利用方式下的植被土壤特征差异的研究结果中充分反映了这个结论。在大针茅、羊草草原群系，放牧对地上植被特征产生了显著影响，但对地下根系密度及土壤特征（除表层土壤容重外）影响不显著。以 A 组样地为例，持续放牧草地的群落盖度、高度及地上活体生物量相对于围封 26 年草地分别降低了 44.12%、65.04% 和 72.11%。持续放牧草地的植物种类组成在相对大小上发生了一些改变，但其优势种类未发生变化，大针茅与羊草仍为群落的优势种。从地下组分看，持续放牧草地的地下根量与围封草地无显著差异，在土壤特征方面，除表层土壤容重差异显著外，其他各指标包括土壤有机碳、全氮、全磷含量及土壤粒级分布均无显著差异。相对于地上群落盖度、高度及生物量变化而言，土壤的理化性质相对稳定。因此，放牧引起植物格局的快速变化，而土壤格局则相对稳定（白永飞等，2002；Gibson，1998），或者说草原群落退化过程中土壤退化要滞后于植被退化，二者也具有相互影响、相互作用的内在机制。尽管如此，本实验中自由放牧样地土壤容重仍略有增加，土壤养分含量也有降低的趋势，说明目前的放牧率接近或已经达到最大载畜量的阈值，但还未达到显著影响土壤容重和土壤养分的程度。因此在自由放牧样地应该适当降低放牧率，改善目前土壤退化的趋势。

在冷蒿草原群落，持续放牧对草地的植被土壤特征均产生了显著影响，在持续放牧草地中退化指示种冷蒿和糙隐子草占优势，二者相对重量达到 44.27%。而在围封恢复 24 年的草地中，冰草和大针茅占优势，其相对重量占 48.84%。与围封恢复 24 年的草地相比，持续放牧草地群落盖度、高度和地上活体生物量分别下降了 44.23%、80.99% 和 86.68%，且地下根量减少及土壤退化表现都很明显。其 0～40cm 地下根量下降了 37.78%。其表层土壤容重增加了 22.95%，其表层土壤黏、粉粒含量分别降低了 43.81% 和 41.37%，其砂粒含量增加了 31.48%。持续放牧草地表层土壤有机碳含量比围封 24 年草地下降了 39.83%。这是围封后草地的恢复和持续放牧下草地继续退化共同作用的结果。在持续放牧草地，地表覆盖减少，地下根系密度锐减，对土壤的保护和固持作用降低，加之放牧牲畜对表土的践踏

扰动，加速了土壤风蚀。

从两种群落类型的研究结果看，在两种群落类型中，植被、土壤特征对放牧和围封的响应存在明显的不同。产生这一差异存在以下 3 个方面的原因：①从放牧强度这个外因来看，在大针茅、羊草草原，其放牧强度在中度以下。可以假设，在放牧干扰强度足够大时，势必会导致其整个植被-土壤系统发生质变。因此可以说明，在该群落类型中，已有放牧强度未超过其承载阈值。而在冷蒿草原群落，始终处在过牧的状态，这导致整个系统包括土壤都发生着明显的退化。②从内因来看，两种群落类型存在显著不同，前者为原生群落类型，其优势种以大针茅、羊草为主。而后者本身就是典型草原原生群落持续过牧下退化演替的产物，以退化指示种冷蒿为优势种。另外，从土壤基质看，在大针茅、羊草草原群落，其土壤类型为暗栗钙土和栗钙土，其土壤以黏、粉粒为主，其含量在 60%以上。而在冷蒿群落，其土壤类型为沙质栗钙土，与前者相比，其养分含量较低，且粒级较粗，其砂粒含量接近 60%，结构较松散。两种类型的草地在土壤基质特征上存在差异，这也决定了其系统稳定性及承载能力的差异，这可能是导致二者对放牧响应存在差异的更为主要的原因，因此即使在同等的放牧条件下，在两种类型的草地上也可能会导致不同的结果。③从植被与土壤相互作用的角度来看，在大针茅、羊草草原群落，尽管放牧导致了其地上植被群落盖度、高度、生物量等指标发生显著变化，但其地下根系密度未发生显著变化，同时其土壤特征也未受到显著影响。而在冷蒿草原群落，放牧同样使其地上植被群落盖度、高度、生物量等指标发生变化，与前者不同的是其根系密度也发生了显著变化，同时其土壤特征也发生明显的退化。因此从植被对土壤的保护作用来看，地上植被起到不可忽略的作用，但其最后一道防线是根系，在草原地表植被遭到明显破坏的情况下，其植被的恢复能力主要取决于地下根系的密度和活力。天然草地根系的显著破坏或其密度的显著降低，势必促使土壤退化，与此同时，土壤的退化势必会直接反馈于植被，形成恶性循环。

二、开垦对草原植被、土壤特征的影响

相对于放牧，开垦是一种更为剧烈的干扰因素，天然草地开垦后，其天然植被完全被破坏，取而代之的是单一的农作物，一般情况下，其 0～20cm 土层结构也完全被破坏，土体松动，在缺少植被保护的情况下，直接暴露于空气中，加快了土壤有机质的分解，在有风的天气条件下便会发生土壤风蚀，导致土壤粗粒化。这些结论在大针茅、羊草草原群落和冷蒿群落中都得到了充分证明。

在大针茅、羊草群落，开垦完全破坏了地上的原生植被，被春种秋收的单一的农作物品种所代替。耕翻的作用完全改变了土壤结构。与围封 26 年草地相比，

开垦耕地的地下 0~60cm 根量降低了 45.27%，其表层土壤容重增加了 19.17%；其表层土壤黏、粉粒含量分别减少了 36.95% 和 51.59%，而其砂粒含量增加了 80.56%；其表层土壤有机碳含量降低了 55.45%。

在冷蒿群落，开垦完全破坏了原生的植被、土壤系统，地上原生植被被一年生的农作物所代替。植物多样性大大降低，其单位面积物种数相对于围封 24 年的草地降低了 75%。与围封 24 年的草地相比，其 0~40cm 土层中根量降低了 34.53%，其 0~30cm 土壤容重均显著高于围封 24 年草地，其中 0~10cm 土壤容重比围封 24 年草地高出 22.95%。其表层土壤黏、粉粒含量分别降低了 69.67% 和 58.76%，其砂粒含量增加了 46.29%。其表层土壤有机碳含量相对于围封 24 年草地降低了 63.64%。

三、围封对草原植被、土壤特征的影响

在大针茅、羊草群落，围封对植物多样性的影响微妙。从本研究结果看，围封未使群落多样性升高，但相对于放牧能够更好地维持植物多样性。长时间的围封可以聚集大量的凋落物和立枯。围封在短时间内可提高群落的生产力，但长时间的围封不利于草地生产力的发挥。围封并未使土壤养分产生明显的累积，围封 26 年与围封 2 年的样地在土壤养分特征上无显著差异。因此适当的利用或不利用对草地的土壤都不会造成显著的影响。

在冷蒿群落，围封使植被、土壤特征得到了明显的恢复，在围封恢复的草地，其优势种接近原生群落类型。其植被盖度和高度都显著增加，并积累了大量凋落物和立枯。但长时间的围封会导致群落向灌丛化方向发展，在围封 24 年的草地中，小叶锦鸡儿在群落中的相对重量达到 22.47%。围封时间过长不利于草地生产力的发挥，围封 8 年的草地的地下根量显著高于围封 24 年的草地，是围封 24 年草地的 1.47 倍。与放牧草地相比，围封草地的土壤理化性质均得到明显恢复。

（一）围封与植物多样性

有关围封禁牧对植物多样性的影响（与对应放牧样地相比），在以往研究中并未得出一致结论。一些研究表明围封禁牧可以增加植物多样性（Oliva et al., 1998），有的认为围封禁牧样地的多样性要低于自由放牧样地（Alice et al., 2005），还有的研究认为围封禁牧对植物多样性的影响较小甚至无影响（Rachel and Jose, 1999）。这些研究结论上的不同主要是研究的草地类型及其状况、围封时间、放牧样地的放牧强度等存在差异造成的。因此，由于研究背景条件的不确定性，围封禁牧与植物多样性的关系是很难一般化的（Rachel and Jose, 1999）。就大针茅、羊草草原群落而言，在相同研究区内（围封 26 年草地），在围封前（1979 年）的

调查研究中，5 个 $1m^2$ 的样方中出现 44 个种（陈佐忠等，1983）；而围封 26 年后，在随机的 5 个 $1m^2$ 的样方中出现的植物总种数只有 23 种。从这个结果看，对原生群落围封 26 年后，其物种丰富度是明显降低的，但这不能表明围封导致植物多样性的降低，这一结果更可能与整个草原退化的大环境是相关的（陈佐忠，2003），因为在 4 个样地中，围封 26 年草地的丰富度指数、多样性指数仍显著高于围封时间较短的草地和连续放牧草地；围封 7 年草地的多样性指数与未围封草地（A-G）以及围封 2 年草地（A-E2）无显著差异。由此可以得出结论，围封相对于放牧在一定程度上可以维持和保护而不是增加植物多样性。围封 26 年草地的均匀度指数在 4 个样地中最低。因此，群落物种的均匀度与丰富度、多样性并不一致，反而有相反的趋势。这主要是因为，群落物种的丰富度和多样性程度越大，物种对生境的分割程度越高（Imhoff et al.，2000；Ackson and Caldwell，1993），因而导致群落物种均匀度的降低。

在冷蒿草原群落，在单位面积物种数、丰富度指数、多样性指数上，围封 8 年草地均为最高，这与以往的研究结果相吻合，即从 1983 年对该区退化草地进行围封恢复的动态监测表明，在围封恢复 12 年内，多样性指数表现为具有峰值的总体下降的趋势，其中峰值产生在群落组成结构发生根本变化的封育后第 7 年（宝音陶格涛和陈敏，1997）。

（二）围封与种群消长

在典型草原植物群落退化演替序列上，糙隐子草是中度退化和重度退化时期的优势种或主要伴生种（刘钟龄，2002），在大针茅、羊草草原群落，由围封到自由放牧样地，糙隐子草的优势度呈增加趋势，这说明长期的自由放牧状态下，草原群落呈现退化的趋势。Alder 和 Lauenroth（2000）研究结果表明在退化恢复演替过程中一年生植物生物量呈减少趋势。在本实验中，自由放牧样地中一年生植物具有较大的比重，而围封样地中一年生植物，如刺穗藜、猪毛菜等所占比例很少。说明放牧干扰下一年生植物呈增加趋势，而在恢复演替过程中，一年生植物会减少。

在冷蒿草原群落，各种群的消长更为明显，在持续放牧草地中，退化指示种冷蒿和糙隐子草占优势，而在围封恢复草地中，群落种类组成以冰草和大针茅为主。这表明围封可以使退化草原群落向原生群落演替。

（三）围封与草地生产力

在大针茅、羊草草原群落，围封 7 年草地的地上现存量显著高于围封 2 年草地，说明围封在一定时期内具有显著提高草地生产力的作用。但根据草地生态系统的可持续性原理（戎郁萍等，2004），草地围封不应是无限期的。封育期过长，不但不利于牧草的正常生长和发育，反而枯草会抑制植物的再生和幼苗的形成，不利于草地的繁殖更新（程积民和邹厚远，1995，1998）；因此，草地围封一段时间后，进行适当利用，可使草地生态系统的能量流动和物质循环保持良性状态，进而保持草地生态系统平衡。封育时间的长短，应根据草地退化程度和草地恢复状况而定（孙祥，1991）。且相关研究发现，适当刈割及放牧利用，不但不会给草地造成损害，相反能改良草地质量，刺激牧草分蘖，促进牧草再生（程积民和邹厚远，1998）。就本研究而言，围封 26 年草地的地上现存量为 309.50g/m^2，显著低于围封 7 年草地，仅为围封 7 年草地的 53%。群落高度、盖度等指标也表现出同样的变化趋势。说明围封 7 年左右的草地，已经达到或接近其生产潜力的峰值，继续围封将不利于其维持较高的生产力。

地下根系生物量与地上生物量相比表现出更稳定的特点，本研究表明 4 种样地地下 0～60cm 总根量之间无显著差异。这可能与本实验中的放牧样地的放牧率较小有关，也说明地下草根含量对外界干扰的反应与地上生物量相比具有滞后性（刘建军等，2005；郑翠玲等，2005），或者说，只有外界干扰在时间和强度上达到一定阈值时，才会引起地下草根含量的明显变化。

在冷蒿草原群落，2 个围封草地的地上、地下生物量均显著高于持续放牧草地，表明围封可以提高草地的生产力，但围封 8 年草地与围封 24 年草地的地上生物量无显著差异，且在地下根量上显著高于后者，这进一步表明，即使对退化草地进行围封恢复，时间也不宜过长，长时间的围封不利于其生产力的发挥。

（四）围封与土壤特征

在大针茅、羊草草原群落，不同围封时间及放牧样地的土壤特征基本无明显差异，这表明对原生群落或者说是未退化草地进行围封，对其土壤特征基本无影响，土壤养分并没有出现随着围封时间的延长而累积的结果。但在冷蒿草原群落，围封对其土壤特征表现出了明显的作用。说明对退化草地进行围封，其恢复效果显著。但围封下土壤恢复的机理是多方面的，一方面植被的恢复增加了植物组分向土壤中的养分输入，另一方面植被恢复后，对土壤的保护作用增强，抑制了土壤侵蚀，同时能够截获大气中沉降的养分含量较高的细颗粒物质。而这几个方面分别对退化草地土壤恢复的贡献率还有待于进一步研究。围封 8 年与围封 24 年草地的土壤特征之间并无显著差异，这进一步说明草地土壤的特征恢复到一定程度后将维持在一个平衡状态，不会表现出养分持续累积的效果。

第四章 不同利用方式下草原生态系统碳截存

草地生态系统是陆地碳循环及碳截存的一个重要组成部分（Reeder and Schuman，2002）。全球草地面积约为 $3.42×10^9hm^2$，约占陆地面积的 40%（Conant and Paustian，2002）。我国草地面积近 $4×10^8 hm^2$，占全国陆地面积的 40.7%。典型草原是温带内陆半干旱气候条件下形成的草地类型，该类草原占内蒙古天然草地总面积的 1/3（$2.63×10^7hm^2$），但有关该区域碳贮量和分布的定量研究，特别是地下根系和土壤中的碳截存数据很少，影响了对不同管理和利用方式下草地生态系统碳动态及其生物化学过程的深入理解。

开垦会导致草地碳截存的显著降低已被大量研究所证实（Lal，2002），而由于研究区环境条件与放牧强度的不确定性所导致的放牧管理和碳截存之间的关系还存在一些不一致的结论。地下碳截存对放牧和围封的响应是一个较缓慢的过程，也可以说放牧在一定时间尺度内还不会影响到系统的地下碳截存（Nosetto et al.，2006）。有研究表明：在沙地、坡地及干旱环境条件下放牧容易导致土壤侵蚀，从而使有机碳含量较高的表层土壤流失而造成土壤碳损失（Su et al.，2002，2005；Wolde et al.，2007）；当放牧对草地生产力和植被盖度无明显影响并且未引起土壤侵蚀时，不会造成土壤碳的损失，并且在大多数情况下会由于放牧家畜排泄物的输入和碳周转速率的提高而增加土壤的碳截存（Conant and Paustian，2002；苏永中和赵哈林，2003a）。

本研究通过对内蒙古典型草原不同利用方式下土壤与植物根系中的有机碳含量及其密度的测定，旨在揭示长期开垦与放牧对典型草原地下碳截存的影响及其机理，同时也有助于理解草地生态系统退化和恢复的机制。

第一节 不同利用方式下大针茅、羊草草原地下碳截存

一、根系碳截存

由表 4-1 可知，围封、放牧和开垦样地根系中有机碳含量分别为 364.35g/kg、361.94g/kg 和 364.22g/kg，差异均不显著（$P>0.05$）。因此 3 类样地地下根碳截存量主要取决于其根量的多少，其比较结果与地下根量的比较结果相同。从图 4-1 可以看出，围封与放牧样地的地下 0～40cm 根碳截存无显著差异（$P>0.05$），分别为 950.32g C/m^2 和 843.43g C/m^2。开垦样地的地下 0～40cm 根碳截存仅为

277.35 g C/m²，显著低于其他 2 类样地（$P<0.05$），分别占围封样地和放牧样地的 29%和 33%。

表 4-1　放牧、开垦与围封下大针茅、羊草草原群落根系有机碳含量

项目	A-E26	A-G	A-C
有机碳含量/（g/kg）	364.35±14.93	361.94±12.33	364.22±24.67

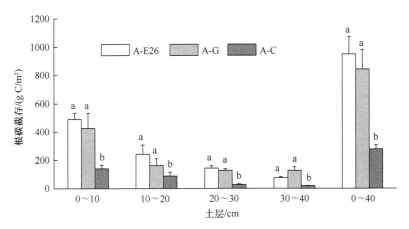

图 4-1　放牧、开垦与围封下大针茅、羊草草原地下各层根碳截存

二、土壤碳截存

土壤碳截存量由土壤有机碳含量与土壤容重决定，尽管 3 类样地的土壤容重存在显著差异，但由于其变化幅度相对较小，有机碳含量的变化幅度相对较大。因此 3 类样地土壤碳截存与土壤有机碳含量呈现相同的变化趋势。图 4-2 表明，围封样地与放牧样地各层土壤碳截存均无显著差异，二者各层土壤碳截存均显著高于开垦样地（$P<0.05$）。开垦样地地下 0～40cm 土壤碳截存最低，仅为 4537.04 g C/m²，相对于围封和放牧样地分别降低了 38%和 42%。

三、地下碳截存总量及在土壤、根系中的分配

由表 4-2 可以看出，围封与放牧样地地下各层碳截存均无显著差异，二者地下各层碳截存均显著高于开垦样地（$P<0.05$）。从地下 0～40cm 碳截存总量看，开垦样地的地下碳截存为 4814.39 g C/m²，显著低于围封和放牧样地（$P<0.05$），分别是围封和放牧样地的 58%和 55%。且 3 类样地地下碳截存主要分布在土壤中，围封、放牧和开垦样地土壤碳截存分别占各自地下碳截存总量的 88.49%、90.28% 和 94.24%。

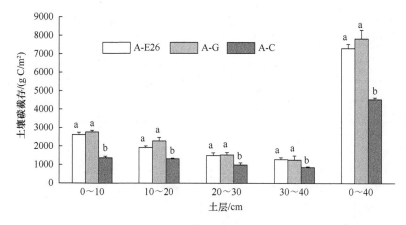

图 4-2   放牧、开垦与围封下大针茅、羊草草原地下各层土壤碳截存

表 4-2   地下碳截存总量及在土壤与根系中的分配

土层/cm	地下碳截存总量（g C/m²）			(S/R) /%		
	A-E26	A-G	A-C	A-E26	A-G	A-C
0～10	3105.63±160.63a	3195.46±170.42a	1514.42±69.99b	84.23/15.77	86.66/13.34	90.64/9.36
10～20	2165.32±41.67a	2442.86±204.05a	1405.84±61.59b	88.82/11.18	93.35/6.65	93.66/6.34
20～30	1633.47±150.95a	1655.87±126.05a	1020.54±97.42b	91.21/8.79	92.30/7.70	97.35/2.65
30～40	1353.48±101.28a	1383.26±205.47a	873.60±54.64b	94.46/5.54	90.82/9.18	97.79/2.21
0～40	8257.91±107.15a	8677.44±562.73a	4814.39±129.88b	88.49/11.51	90.28/9.72	94.24/5.76

注：数据后的不同字母表示样地间差异显著（$P<0.05$），本章同
S/R 为土壤碳截存占地下碳截存比例/根碳截存占地下碳截存比例

第二节   不同利用方式下冷蒿草原地下碳截存动态

一、根系碳截存

从 4 类样地根有机碳含量来看（表 4-3），围封 24 年草地和开垦耕地显著高于围封 8 年草地和持续放牧草地，这反映了不同群落类型的根系有机碳含量差异。从根碳截存来看（图 4-3），围封 8 年草地（708.36 g C/m²）＞围封 24 年草地（588.39 g C/m²）＞开垦耕地（399.40 g C/m²）≈持续放牧草地（300.51 g C/m²），表明持续放牧与开垦都显著影响了地下根系碳截存。

表 4-3   放牧、开垦与围封下冷蒿草原群落根系有机碳含量

项目	C-E24	C-E8	C-G	C-C
有机碳含量/（g/kg）	417.47±12.50	342.76±13.98	342.69±6.19	432.86

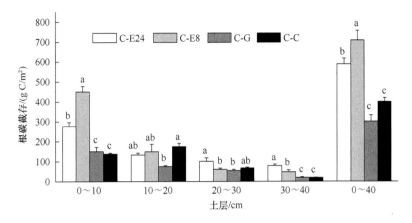

图 4-3　放牧、开垦与围封下冷蒿草原根系碳截存

二、土壤碳截存

　　土壤碳截存量由土壤有机碳含量与土壤容重决定，尽管 4 类样地的土壤容重存在显著差异，但由于其变化幅度相对较小，有机碳含量的变化幅度相对较大。因此 4 类样地各层土壤碳截存与土壤有机碳含量呈现相同的变化趋势。从地下碳截存总量（0～40cm）来看，2 个围封草地显著高于持续放牧草地和开垦耕地。以围封 24 年草地为对照，持续放牧和开垦耕地的土壤碳截存（0～40cm）分别降低了 31.60% 和 38.22%。持续放牧草地土壤碳截存与开垦耕地无显著差异，表明在该区域内放牧的干扰强度已经接近开垦的干扰强度。围封 24 年草地与围封 8 年草地土壤碳截存无显著差异，表明退化草原土壤碳截存在围封恢复过程中不会表现出随围封时间的延长而持续增加的趋势，而是达到一定程度后维持在一个平衡状态（图 4-4）。

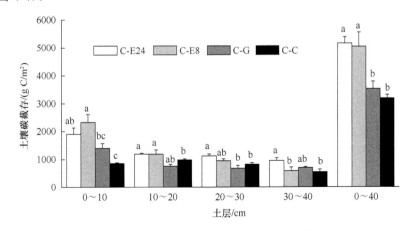

图 4-4　放牧、开垦与围封下冷蒿草原土壤碳截存

三、地下碳截存总量及在土壤、根系中的分配

由表 4-4 可以看出，2 个围封草地的地下碳截存总量无显著差异（$P>0.05$），且显著高于持续放牧草地与开垦耕地（$P<0.05$），持续放牧草地与开垦耕地之间无显著差异（$P>0.05$）。以围封 24 年草地为对照，持续放牧草地与开垦耕地的地下碳截存分别降低了 33.37% 和 37.59%。从地下碳截存的分配来看，90% 左右都分布在土壤中。

表 4-4　放牧、开垦与围封下冷蒿草原地下碳截存总量及其分配

土层/cm	地下碳截存总量/（g C/m²）				(S/R)/%			
	C-E24	C-E8	C-G	C-C	C-E24	C-E8	C-G	C-C
0~10	2178.82b	2779.89a	1548.41c	988.06d	87/13	84/16	90/10	86/14
10~20	1317.90a	1334.53a	830.98b	1153.27a	90/10	89/11	91/9	85/15
20~30	1216.12a	1001.92b	727.61c	882.83bc	92/8	94/6	92/8	92/8
30~40	1030.22a	631.05a	719.46b	560.00b	92/8	92/8	97/3	96/4
0~40	5743.06a	5747.39a	3826.47b	3584.16b	90/10	88/12	92/8	89/11

第三节　不同利用方式对草原地下碳截存的影响

一、放牧对草地碳截存的影响

过度放牧是造成草地退化的根本原因：过度放牧可使草地初级生产固定碳素的能力降低，并且由于家畜的采食而减少了碳素由植物凋落物向土壤中的输入；过度放牧通过促进草地土壤的呼吸作用从而加速碳素由土壤向大气的释放（李凌浩，1998）。在冷蒿草原，持续放牧导致了地表植被特征的明显变化，群落盖度和高度显著降低，其土壤和根系碳截存比围封草地分别降低了 31.6% 和 57.6%，地下碳截存总量减少了 33.4%。这些变化一方面减少了植物碳素向土壤的转化，更重要的是，降低或失去了对土壤的保护作用，进一步促进了土壤风蚀，从而使有机碳含量较高的表土被吹蚀，减少土壤碳截存。

从另一方面讲，放牧并非必然会影响草地碳截存，在大针茅、羊草草原，长期放牧（26 年）主要对典型草原地表植被特征产生显著影响，对地下碳截存影响不显著。例如，放牧样地相对于围封样地活体生物量降低了 75%；由于家畜的采食和践踏导致长期放牧样地凋落物量与立枯量甚微；长期放牧样地在群落盖度和群落高度上分别下降了 45% 和 65%，但是地下根量及土壤有机碳含量则相对稳定；

长期放牧样地与围封样地的地下根碳截存和土壤碳截存均无显著差异。相关研究也得出类似结论，如对内蒙古锡林河流域羊草草原的研究结果表明，40年来过度放牧使草地表层土壤（0～20cm）中碳的贮量降低了12.14%，表明这种变化是较缓慢的，其效应出现的时间阈值至少在20年以上（李凌浩，1998）。对于植被系统而言，地下根系变化也滞后于地上植被特征的变化，只有干扰在强度和时间上达到一定阈值时才会产生显著变化（刘建军等，2005）。此外，土壤与植被具有完全不同的属性，在草地退化过程中则表现为土壤退化滞后于植被退化，这一结论也被许多研究所证实（Su et al.，2005；Alder and Lauenroth，2000），并将土壤的这种特性称为"土壤稳定性"（李绍良等，2002）。以上原因综合导致了长期放牧引起地上植被特征的显著变化，而地下碳截存的变化则不明显。从另外一个角度看，围封26年样地相对于放牧样地也并未表现出地下碳截存增加的结果，这主要是由于排除家畜放牧的长期围封使植物碳向土壤碳的再循环受到限制，截存的大部分碳只是以凋落物和立枯的形式积存在土壤表面，对土壤有机碳库的贡献相对较小，而且随着围封时间的增加，凋落物在地表的积累也影响土壤温度和土壤水分，进而影响植物残体和凋落物的分解速率，因此影响到碳和养分的循环（Reeder and Schuman，2002）。但从土壤表层容重来看，长期放牧导致了土壤表层容重的显著增加，土壤容重的增加是草地生态系统退化的早期预警指标，因为容重的变化会进一步导致土壤水分入渗和保持、孔隙分布等影响植物生长的其他土壤性状的改变（Rubio and Bochet，1998）。说明目前放牧压力尽管还没有明显影响到地下土壤有机碳含量和地下根系的生长，但是也已经接近或达到草地承载阈值。因此应及时减轻放牧压力，以避免导致进一步严重的草地退化。

二、开垦对草地碳截存的影响

在内蒙古典型草原区大针茅、羊草草原群落开垦35年后，其土壤和根系有机碳截存比围封草地分别降低了37.9%和70.8%，地下碳截存总量减少了41.7%。在冷蒿草原，长期开垦后，其土壤和根系有机碳截存比围封草地分别降低了38.22%和43.6%，地下碳截存总量减少了37.6%。这与前人在北美大平原及美国中西部地区的研究结论一致，即草地开垦为农田后会损失掉原来土壤中碳素总量的30%～50%（Lal，2002；Aguilar et al.，1988；Davidson and Ackerman，1993）。开垦使土壤中的有机质充分暴露在空气中，土壤温度和湿度条件得到改善，从而极大地促进了土壤呼吸作用，加速了土壤有机质的分解（Anderson and Coleman，1985）；开垦会加速土壤风蚀，土壤表层有机碳含量较高的细颗粒被吹蚀后导致土壤有机碳的大量损失。本研究得出：典型草原土壤砂粒含量与土壤有机碳含量呈显著负相关；土壤中砂粒含量每增加1%，其土壤有机碳含量将降低0.3345g/kg。

开垦样地的地下根量比围封样地降低了71%，这不仅直接影响到地下根系中的碳截存量，同时也严重影响到根系碳素向土壤中的输入量；开垦样地地表立枯和凋落物分别降低了96%和52%，减少了地上植被碳素向土壤中的输入量。前人研究也表明多年生牧草被作物取代后使初级生产固定的碳素向土壤中的分配比例降低（生物量的地下与地上比例降低）（Anderson and Coleman，1985）。

三、围封对草地碳截存的影响

围封对退化草地的土壤具有恢复作用，如在退化的冷蒿草原群落，围封24年和围封8年的草地的土壤碳截存明显高于持续放牧草地，主要是由于围封后植被的恢复抑制了进一步的土壤风蚀，并且增加了降尘的沉积。对科尔沁沙地的围封实验表明，10年的围封明显增加了地表植被盖度从而抑制了土壤侵蚀，并且家畜践踏的消除、土壤有机质含量增加以及土壤中根含量的增加使围封样地的土壤容重显著减小（Su and Zhao，2003；Su et al.，2005）。在埃塞俄比亚最北部的丘陵地带（坡地）研究表明，围封不仅可以有效地恢复植被，而且也能改善土壤养分，减少土壤侵蚀。围封5年与10年的草地土壤有机质、全氮、速效磷均显著高于放牧地（Wolde et al.，2007）。其原因是，围封地的植被得以恢复，防止了降雨引起的溅蚀和径流侵蚀。另外植被的恢复也增加了地表凋落物及根系周转向土壤的营养输入。因此围封对退化草地土壤具有显著的恢复作用，主要表现在容易发生土壤侵蚀的沙地、坡地、干旱区等环境条件下。

在大针茅、羊草草原，围封26年草地与放牧草地地下碳截存无显著差异，即使对于退化草地来说，围封恢复8年的草地与围封恢复24年的草地的地下碳截存总量也无显著差异，甚至在围封8年草地，其根系碳截存还显著高于围封24年的草地。因此，一些情况下围封对草地土壤碳截存存在负面影响机制，如长期封育会导致凋落物过度累积，进而影响到碳和养分循环。北美大草原的混合普列里放牧近80年，重牧草地0～107cm土层有机碳相对于无牧草地没有显著变化，Frank和Groffman（1998）认为物种组成变化补偿了天然草地放牧所引发的潜在的土壤碳损失。Basher和Lynn（1996）在坎特伯雷高原研究表明围封对草地土壤碳、氮等养分含量影响较小。

内蒙古典型草原区围封26年的大针茅、羊草群系中，0～40cm土壤和根系中碳贮量分别为7307.59g C/m^{2}和950.32g C/m^2，多年连续放牧的大针茅群系0～40cm土壤和根系中碳贮量分别是7834.01g C/m^{2}和843.43g C/m^2，开垦35年的耕地为4537.04g C/m^{2}和277.35g C/m^2；0～40cm土壤贮存的碳分别占各自土壤-根系系统碳总贮量的88.49%、90.28%和94.24%。

内蒙古典型草原区围封24年的冷蒿草原群落中，0～40cm土壤和根系中碳贮量分别为 5154.67g C/m² 和 588.39g C/m²，在围封 8 年的冷蒿草原群落 0～40cm 土壤和根系中碳贮量分别是 5039.03g C/m² 和 708.36g C/m²，持续放牧草地为 3525.96g C/m² 和 300.51g C/m²，开垦耕地为 3184.76g C/m² 和 399.40g C/m²；0～40cm 土壤贮存的碳分别占各自土壤-根系系统碳总贮量的 90%、88%、92% 和 89%。

第五章　基于土壤特征分析的草原风蚀特征探讨

土壤风蚀是发生在我国北方干旱、半干旱地区及部分半湿润地区的重要生态过程，同时也是导致这些地区生态系统退化的重要原因。在沙漠化过程中，土壤属性的演变首先是黏、粉粒和极细砂等细颗粒组分被选择性地移出系统，导致粗粒化。因而土壤粒级分布的变化常被作为土地风蚀和沙漠化程度的理想指标。风蚀特征与地表土壤粒度特征之间的关系也受到了广泛关注。在 Bagnold（1941）最早提出的风沙输移模型中，输沙率（风蚀率）与粒径的平方根成正比。他做出论断，粒度分布范围较广的沙物质比均匀沙易于被风蚀。Chepil（1952）通过风洞实验将土壤颗粒组分按其抗风蚀性的差异划分为 3 部分，即颗粒大于 0.84mm 为不可蚀因子；0.42～0.84mm 为半可蚀因子；小于 0.42mm 者为高度可蚀因子。Wilson 和 Gregory（1992）通过维数分析得出结论：松散干物质的可风蚀性与颗粒起动风速的平方成反比，而颗粒的起动风速则取决于粒度特征。国内学者对不同颗粒的风蚀可蚀性（如起动风速）做了较多的野外观测与实验研究，取得了一些定性结果。董治宝和李振山（1998）在国内外研究的基础上，通过风洞实验进行了风成沙粒度特征对其可风蚀性的影响研究，认为风成沙的风蚀可蚀性随粒度的变化服从分段函数，0.09mm 粒径颗粒最易被风蚀。风成沙颗粒按可蚀性可以分为 3 种类型：>0.7mm 和 <0.05mm 为难蚀颗粒；0.7～0.4mm 和 0.075～0.05mm 为较难蚀颗粒；0.4～0.075mm 为易蚀颗粒。在相当粒径的条件下，混合砂较均匀粒径砂粒易风蚀。其研究成果在国内不同利用方式、不同类型土壤的可风蚀性研究中被广泛引用，土壤粒度特征与土壤养分及碳循环之间的关系也是土壤风蚀研究中的一个重要问题。

第一节　内蒙古白音锡勒牧场起沙风速频率分布

图 5-1 表明，在 2006 年，内蒙古白音锡勒牧场起沙风持续时间为 2490h，占全年的 28.83%，起沙风的频率随起沙风速的增大而减小，其中风速为 5m/s 的起沙风占全年的 6.63%。在 2006 年，2m 高度处最大风速（1h 平均风速）为 20.9m/s，其中 ≥12 m/s 的大风发生 170h（占全年的 1.76%）。从图 5-2 中可以看出，春季（3 月、4 月、5 月）是起沙风频率最高的季节，占全年的 11.66%，夏季、秋季和冬季分别占 6.28%、5.86% 和 5.04%。从各月起沙风发生频率看，在一年中的春季和秋季分别出现一大一小 2 个峰值，其中 4 月是起沙风所占频率最高的月份，占全

年的 4.42%，小的峰值出现在 10 月，其发生频率为 2.44%。8 月、9 月、12 月和 1 月是起沙风速频率最低的月份。

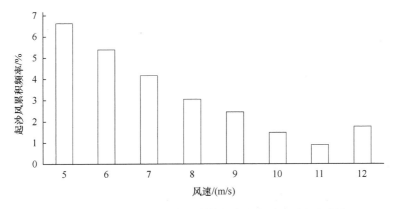

图 5-1　2006 年内蒙古白音锡勒牧场各级起沙风速累积频率

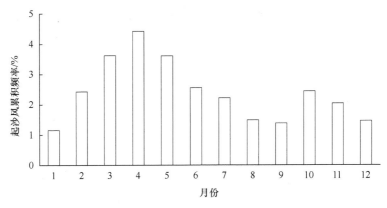

图 5-2　2006 年内蒙古白音锡勒牧场各月起沙风速累积频率
（数据来源：中国科学院内蒙古草原生态系统定位研究站）

第二节　不同利用方式下大针茅、羊草草原土壤风蚀特征

一、表层土壤粒度参数

从土壤粒度分配比例看（表 5-1），放牧与围封草地土壤粒度参数上无显著差异，粒度组成均以黏、粉粒为主，2 个样地黏、粉粒总含量分别为 62.23% 和 62.77%。而开垦耕地表层土壤粒度组成以砂粒为主，其砂粒含量达 68.18%。从平均粒径和中值粒径看，开垦耕地相对于围封与放牧草地均呈现显著增加，说明开垦引起土壤风蚀，导致土壤颗粒的明显粗化。由于风蚀的作用，开垦耕地的土壤向粗颗粒集中，相对于围封与放牧草地具有更好的分选性和更高的峰值，其标准偏差显著

低于围封与放牧草地，而在峰态上显著高于围封与放牧草地。

表 5-1　放牧、开垦与围封下大针茅、羊草草原表层土壤粒度参数

样地	黏粒/%	粉粒/%	砂粒/%	平均粒径/mm	中值粒径/mm	标准偏差	偏差	峰态
A-E26	11.52	50.71	37.76	0.02	0.03	2.59	0.35	1.00
A-G	12.33	50.44	37.23	0.02	0.03	2.67	0.37	0.99
A-C	7.27	24.55	68.18	0.05	0.08	2.26	0.51	1.51

由图 5-3 可以看出，3 个样地土壤粒度累积频率之间的平均距离的最大值出现在粒径 4.18Φ（0.055mm）处，而从图 5-4 也可以看出粒径小于 4.18Φ（＞0.055mm）的土壤颗粒在开垦耕地中的分配频率高于围封与放牧草地，而粒径大于 4.18Φ（＜0.055mm）的土壤颗粒在围封与放牧草地中的分配频率明显增加。而从粒度累积频率曲线也可以看出，在粒径 4.18Φ处出现一个明显的拐点。

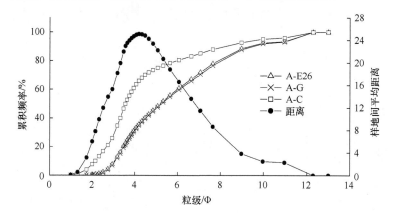

图 5-3　放牧、开垦与围封下大针茅、羊草草原表层土壤粒度累积频率及其差异

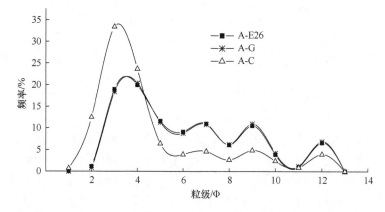

图 5-4　放牧、开垦与围封下大针茅、羊草草原表层土壤粒度频率

二、土壤颗粒粗化与有机碳动态

从 3 个样地不同土层土壤粒度分配可以看出（图 5-5），放牧与围封草地各土层中小于 0.055mm 粒度组分含量无显著差异，放牧与围封草地各层土壤中的悬移组分含量明显高于开垦耕地，而这种趋势在土壤表层表现得更为显著，以围封草地为对照，开垦耕地 0～10cm 土层中小于 0.055mm 粒度组分含量下降了 47.28%。

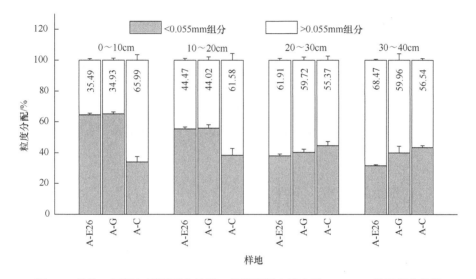

图 5-5　放牧、开垦与围封下大针茅、羊草草原土壤小于 0.055mm 粒度组分分配

以小于 0.055mm 粒度组分含量为横坐标，以土壤有机碳含量为纵坐标绘制散点图（图 5-6），对其分布进行线性拟合，结果表明，二者之间呈显著线性相关关系，即小于 0.055mm 粒度组分含量每减少 1%，其有机碳含量将减少 0.342 49g/kg。

三、土壤粒度及有机碳含量的垂直变化

从图 5-7 和图 5-8 可以看出，在放牧与围封草地，土壤粒度均呈现随土层深度增加而粗粒化的特征。围封与放牧草地土壤颗粒平均粒径及中值粒径随土层深度增加呈线性递增的趋势。而在开垦耕地，由于开垦破坏了土壤结构，加之表层土壤遭受严重风蚀，其表层土壤颗粒粗粒化特征更为明显，其土壤颗粒平均粒径与中值粒径均呈现随土层深度增加而减少的趋势。在 3 类样地，土壤有机碳含量随土层深度增加而减小，且随土层深度自然对数值的增加呈线性递减趋势（图

5-9），但相对于放牧和围封草地，开垦耕地土壤有机碳含量呈现明显减少趋势，如其表层土壤有机碳含量比围封草地减少了 55.45%。

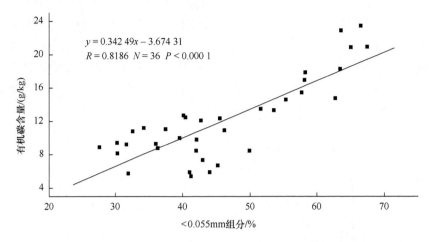

图 5-6　有机碳含量与小于 0.055mm 组分含量关系

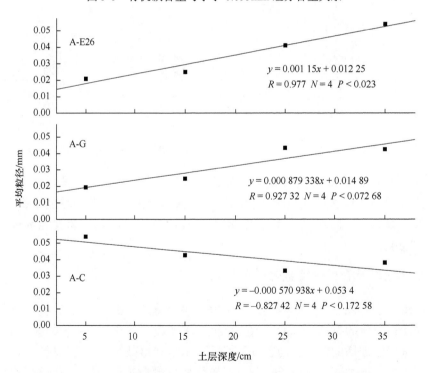

图 5-7　放牧、开垦与围封下大针茅、羊草草原土壤平均粒径垂直变化

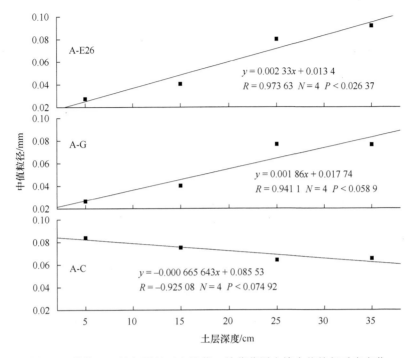

图 5-8　放牧、开垦与围封下大针茅、羊草草原土壤中值粒径垂直变化

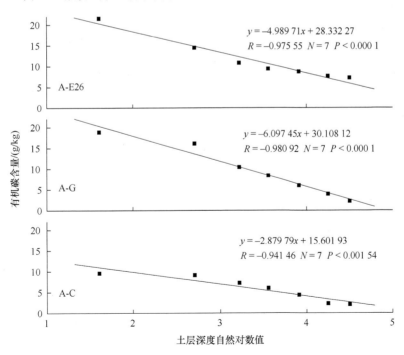

图 5-9　放牧、开垦与围封下大针茅、羊草草原土壤有机碳含量垂直变化

第三节 不同利用方式下冷蒿草原土壤风蚀特征

一、表层土壤粒度参数

从土壤粒度参数看（表 5-2），4 个样地土壤粒度分配均呈正偏的单峰态，粒度组成均以砂粒为主，含量在 56.09%~83.66%。但从粒度分配比例上看，样地间存在显著差异，放牧样地与开垦样地的黏、粉粒含量显著低于 2 个围封样地（$P<0.05$），砂粒含量明显高于围封样地（$P<0.05$），2 个围封样地之间差异不显著（$P>0.05$），开垦样地相对于放牧样地具有更高的砂粒含量。从平均粒径和中值粒径看，放牧和开垦样地相对于围封样地均呈现显著增加，说明开垦与放牧引起土壤风蚀，导致土壤颗粒的明显粗化。由于风蚀的作用，开垦与放牧样地的土壤向粗颗粒集中，相对于围封样地具有更好的分选性和更高的峰值，其标准偏差显著低于围封样地，而在峰态上显著高于 2 个围封样地。

表 5-2 放牧、开垦与围封下冷蒿草原土壤（0~10cm）粒度参数

样地	黏粒/%	粉粒/%	砂粒/%	平均粒径/mm	中值粒径/mm	标准偏差	偏差	峰态
C-E24	12.05a	30.77a	57.19c	0.04	0.07	3.03	0.50	1.02
C-E8	9.26ab	34.66a	56.09c	0.04	0.07	2.91	0.45	1.01
C-G	6.77bc	18.04b	75.19b	0.09	0.13	2.57	0.48	1.51
C-C	3.65c	12.69b	83.66a	0.14	0.15	1.90	0.34	1.62

注：数据后的不同字母表示样地间差异显著（$P<0.05$）

由图 5-10 可以看出，4 个样地土壤粒度累积频率之间的平均距离的最大值出现在粒径 3.56Φ（0.085mm）处，而从图 5-11 也可以看出粒径小于 3.56Φ（>0.085mm）的土壤颗粒在开垦与放牧样地中的分配频率高于 2 个围封样地，而粒径大于 3.56Φ（<0.085mm）的土壤颗粒在围封样地中的分配频率明显增加。而从粒度累积频率曲线也可以看出，在粒径 3.56Φ 处出现一个明显的拐点。

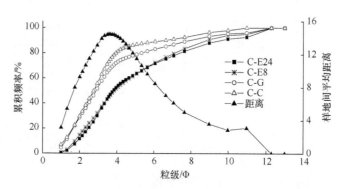

图 5-10 放牧、开垦与围封下冷蒿草原表层土壤粒度累积频率及其差异

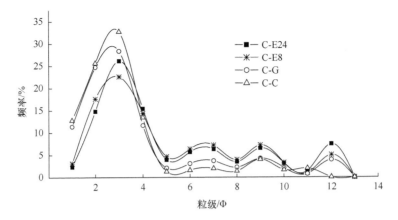

图 5-11　放牧、开垦与围封下冷蒿草原表层土壤粒度频率

二、土壤颗粒粗化与有机碳动态

从图 5-12 可以看出，围封 24 年与围封 8 年草地 0～10cm 土壤小于 0.085mm 粒度组分含量无显著差异，分别为 54.83% 和 55.05%，2 个围封样地各层土壤中的小于 0.085mm 粒度组分含量明显高于放牧样地和开垦样地，而这种趋势在土壤表层表现得更为显著，以围封 24 年草地为对照，放牧与开垦样地 0～10cm 土壤小于 0.085mm 粒度组分含量分别下降了 38.26% 和 50.88%。

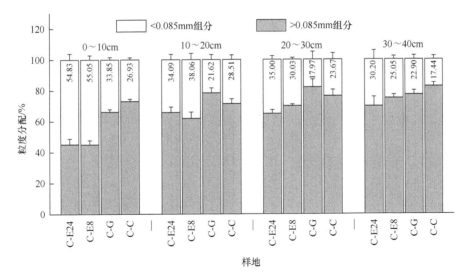

图 5-12　放牧、开垦与围封下冷蒿草原土壤小于 0.085mm 粒度组分分配

以土壤小于 0.085mm 粒度组分含量为横坐标，以土壤有机碳含量为纵坐标绘

制散点图（图 5-13），对其分布进行线性拟合，结果表明，二者之间呈显著线性相关关系，即土壤小于 0.085mm 粒度组分含量每减少 1%，其有机碳含量将减少 0.3033 g/kg。

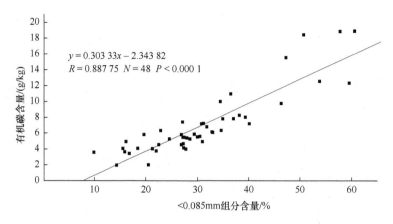

图 5-13　土壤小于 0.085mm 粒度组分含量与有机碳含量相关关系

三、土壤粒度及有机碳含量的垂直变化

从图 5-14 和图 5-15 可以看出，土壤粒度垂直变化特点是随土层深度增加呈现粗粒化特征。2 个围封样地和持续放牧样地土壤颗粒平均粒径及中值粒径随土层深度的自然对数值增加呈线性递增的趋势。土壤有机碳含量随土层深度增加而减小，且随土层深度自然对数值的增加呈线性递减趋势（图 5-16）。因此风蚀作用到一定程度，表层土壤被完全剥蚀，必然会导致土层变薄，从而使原来处在下层的土壤成为表层土壤，致使土壤粗粒化，有机碳含量减少。开垦破坏了土壤的层次结构，同时促使土壤风蚀，因此使其土壤颗粒粗粒化的同时，其土壤层次结构与天然的放牧与围封草地具有明显的差异。

四、过牧草原土壤风蚀量估算

放牧可以导致草原表层土壤一层一层地被剥蚀，放牧条件下一般会导致表层约 2cm 内的土层受到物理性的破坏，但对天然草地土壤的垂直层次结构不会产生显著影响。在大针茅、羊草草原和冷蒿草原，放牧草地土壤粒度与有机碳含量的垂直变化与围封草地均表现出相同的变化规律。在这个基础上，可以根据土壤剖面的粒度及有机碳的垂直层次变化，对过牧的草地进行风蚀量的估算。把围封 24 年草地的土壤有机碳含量随土层深度垂直变化的函数作为参照（图 5-16），将过牧草地表层 1cm 土壤有机碳含量代入参照函数，可反推出该有机碳含量所对应的土

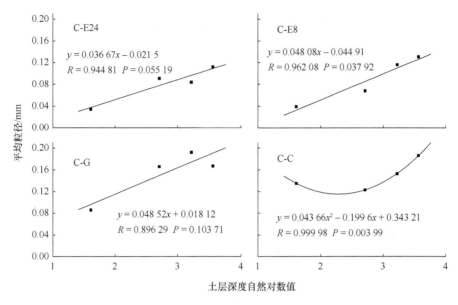

图 5-14　放牧、开垦与围封下冷蒿草原土壤平均粒径垂直变化

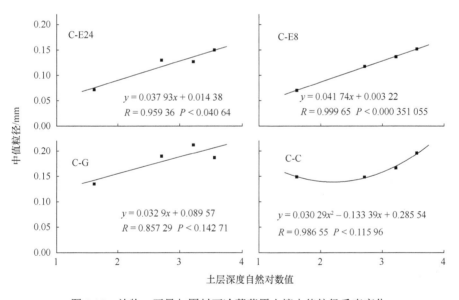

图 5-15　放牧、开垦与围封下冷蒿草原土壤中值粒径垂直变化

层深度为 7.59cm，可以计算其差值即得到发生风蚀的土层厚度为 6.59cm。以此数据为参考，结合土壤容重值，可计算出该区土壤 24 年来单位面积风蚀量为 804t/hm²，折算成单位面积风蚀量为 33.5t/（hm²·a）。目前已有 20% 的典型草原严重退化为冷蒿、星毛委陵菜和小禾草草原（李永宏，1995），即严重退化面积达到 5.26×10⁶hm²，以此面积为基数，可计算出在内蒙古典型草原区严重退化草地 24

年来风蚀总量为 $4.23×10^9$t，折算成年风蚀总量为 $1.76×10^8$t。将风蚀总量折算为有机碳量为 $6.97×10^7$tC，年风蚀总量折算成有机碳量为 $2.90×10^6$tC/a。

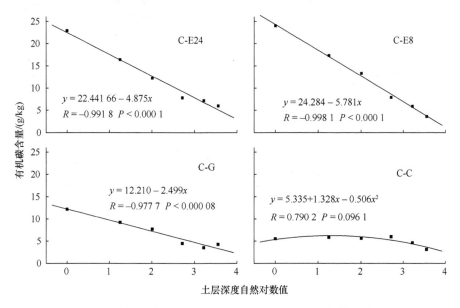

图 5-16 放牧、开垦与围封下冷蒿草原土壤有机碳含量垂直变化

根据风沙运动规律（马世威等，1998），砂粒粒径＜0.1mm 的运动，在大风中可能接近悬移状态。粒径＜0.05mm 的黏、粉粒，体积小、质量轻，在气流中自由沉速低，一旦被风扬起，就不易沉落，能被风悬移很长距离，甚至可运离源地数千千米之外。因此悬移组分贡献于远距离搬运的粉尘。而＞0.1mm 粒径运动形式为蠕移和跃移，该组分搬运距离较短，主要贡献于草原的沙带。据此，我们可以将退化草原风蚀土壤划分为两个组分，即粒径＜0.1mm 的悬移组分，粒径＞0.1mm 的蠕移和跃移组分，悬移组分在退化草原风蚀总量中占 60.47%，蠕移和跃移组分占 39.53%。即 24 年来内蒙古典型草原严重退化草地土壤贡献悬移组分总量为 $2.56×10^9$t，年贡献量为 $1.06×10^8$t。贡献于蠕移和跃移组分总量为 $1.67×10^9$t，年贡献量为 $6.96×10^7$t。

第四节　不同利用方式对草原风蚀的影响

一、放牧与草原风蚀

根据土壤粒度分析结果，在大针茅、羊草草原，围封与持续放牧样地的土壤粒度无显著差异，这表明，持续放牧下该样地未表现出风蚀特征。而从冷蒿样地的测定结果来看，相对于围封样地，持续放牧样地表层土壤呈现明显的粗粒化特征，这表明在该区持续放牧造成了严重的土壤风蚀。综合以上两个结果可以得出，放牧是导致土壤风蚀的一个原因，但不是必然原因。诱发土壤风蚀发生的因素有很多，其中 2 个最直接、最重要的条件是具有风力条件和可供风蚀的沙物质。而从风速条件看，在研究区内起沙风速发生的频率可达到 28.83%，且主要发生在植被覆盖最低的春季。在这种情况下是否发生风蚀主要取决于地面状况，植被盖度较高且根系密度较大，对表层土壤起到了很好的保护和固持作用，则不易发生土壤风蚀。相反，植被盖度降低且土壤中植物根系密度减少，土壤裸露，在放牧牲畜的践踏下使表土松动，从而为风蚀创造了物质条件。因此放牧是否引起土壤风蚀，取决于放牧强度是否导致了草地植被状况的明显变化，尤其是根系密度的变化。在本研究中，大针茅、羊草草原中，围封草地与放牧草地相比，植被盖度发生了显著变化，但是二者土壤中草根含量无显著差异，所以在该放牧样地中，植被对土壤仍保持着良好的固持作用，仍能够有效地防止土壤风蚀。而在冷蒿草原中，相对于围封草地，持续放牧草地不仅在地表植被盖度上表现出明显降低的趋势，而其根系含量也显著低于围封草地，此外，其土壤表现出明显的风蚀特征，表层土壤砂粒含量比围封草地增加 31.5%，其平均粒径与中值粒径比围封草地增加了约 1 倍，土壤向粗颗粒集中，具有更高的分选性和峰值。这是导致该样地发生严重风蚀的直接原因。

放牧可以导致草原表层土壤一层一层地被剥蚀，放牧条件下一般会导致表层约 2cm 内的土层受到物理性的破坏，但对天然草地土壤的垂直层次结构不会产生显著影响。在大针茅、羊草草原和冷蒿草原，放牧草地土壤粒度与有机碳含量的垂直变化与围封草地均表现出相同的变化规律。根据此规律，可以推导出在冷蒿草原，持续放牧下的退化草地，至少有 6cm 厚的表层土壤被吹蚀。该区 24 年来土壤单位面积风蚀量为 $804t/hm^2$，折算成年单位面积风蚀量为 $33.5t/hm^2$。在内蒙古典型草原区严重退化草地 24 年来风蚀总量为 $4.23×10^9t$，年风蚀总量为 $1.76×10^8t$。其中风蚀总量中有 $2.56×10^9t$ 为悬移组分，年贡献量为 $1.06×10^8t$。贡献于蠕移和跃移组分总量为 $1.67×10^9t$，年贡献量为 $6.96×10^7t$。风蚀导致有机碳流失总量为 $6.97×10^7tC$，年流失有机碳总量为 $2.90×10^6tC$。

二、开垦与草原风蚀

在研究区内，开垦会导致严重的土壤风蚀，在大针茅、羊草草原和冷蒿草原的开垦耕地都表现出明显的风蚀特征，其土壤表现出明显的粗粒化特征。在大针茅、羊草草原，开垦耕地表层土壤砂粒含量比围封草地高出 80.6%，其平均粒径是围封草地的 2.5 倍。在冷蒿草原，开垦耕地表层土壤砂粒含量比围封草地高出

46.3%，其平均粒径是围封草地的 3.5 倍。

开垦完全破坏草原原生的植被-土壤系统，从植被上看，草原原生植被能够均匀覆盖地表，且多为多年生植物种类，其均匀致密的根系对土壤起到很好的固持作用；而开垦耕地，在收割以后，其地表覆盖很少，松散的土壤很容易被风蚀，即使在生长季，由于其植被多为成垄种植，垄间裸露，也容易被侵蚀。从土壤方面看，草原土壤在自然沉积的作用下，具有一定的层次结构，加之植物根系的固着作用，使其相对稳定，不易风蚀；而开垦以后，其粒度与有机碳含量的垂直变化规律与天然的放牧与围封草地表现出明显的差异，耕作层土壤层次完全被破坏，结构松散，为风蚀提供了物质基础。

三、围封与草原风蚀

对土壤退化的草地来讲，围封具有较好的效果，首先，围封后地表植被得到恢复，其盖度增加，这样就防止了土壤的进一步侵蚀，随着植被的恢复，植被养分向土壤中的转化增加，从而改善土壤质量。自然条件下，土壤的改变一方面是生物作用，另一方面就是物理作用，物理作用则主要有两个方面，即侵蚀作用与沉积作用，当植被盖度增加后，有效地抑制土壤侵蚀，同时增加了沉积作用。而沉积颗粒多以养分含量较高的细颗粒为主。围封风蚀退化草地，其土壤特征表现出明显的恢复。而对于风蚀退化草地，围封后地表植被覆盖的增加抑制了土壤风蚀，同时加强了对降尘的拦截作用，而降尘的沉积可能是退化草地土壤恢复的主要物质来源。

第六章　风蚀引起草原土壤退化机理

　　风蚀是发生在干旱、半干旱地区的一个普遍现象，风蚀会对土壤质地及土壤养分产生重要影响（Gillette and Hanson，1989；Lawrence and Neff，2009；Okin et al.，2004；Poortinga et al.，2011；Prospero et al.，2012；Shinoda et al.，2011；Yan et al.，2013，2015）。一些研究表明，风蚀会直接导致土壤细颗粒的损失，进而造成土壤养分的损失，从而引起土壤退化，尤其是干旱、半干旱地区。由于不同的气候和植被条件，内蒙古从东到西分布着草甸草原、典型草原和荒漠草原3种草地类型。近几十年来，由于过度放牧和开垦，内蒙古地区的退化草原已经达到90%以上。地表覆盖度的减少和表土的扰动加剧了土壤风蚀。风蚀是该地区主要的土地退化成因（闫玉春等，2010）。

　　风蚀的主要影响之一是土壤粗粒化。之前的研究发现，土壤干团聚体的粒径分布是风蚀的主要影响因素。根据可蚀性，土壤干团聚体可以分为3个等级：小于0.42mm为高度可蚀颗粒，0.42～0.84mm为半可蚀颗粒，大于0.84mm为不可蚀颗粒（Chepil，1953b）。土壤质地通过影响团聚体结构从而成为影响土壤风蚀的二级因素。在沙质土壤中，小于0.125mm的颗粒组分最易受到风蚀的影响（Li et al.，2009；Yan et al.，2013）。虽然许多研究已经对风蚀引起的土壤粗粒化进行了描述，但大多数都集中在特定风蚀条件下的土壤干团聚体分布或土壤粒径分布。对于在风蚀强度不断增加的情况下，土壤干团聚体和粒径分布的变化的定量研究还很少，主要是因为在野外实际观测中，连续风蚀强度下的土壤损失量是较难确定的（Wang et al.，2015）。

　　风蚀对生态系统的另外一个重要影响是土壤有机碳和养分的损失，与以沙尘输送为主的荒漠生态系统的风蚀相比，植被覆盖较高的农业和草地生态系统的风蚀包含更多的有机物质和养分的损失。因此，农业和草地生态系统中被风蚀输送的有机碳和养分更值得关注，这会影响区域乃至全球的有机碳和养分平衡（Chappell et al.，2013；Goossens，2004；Webb et al.，2012，2013）。土壤细颗粒比大颗粒更容易被风蚀，而土壤细颗粒中含有更多的有机碳和营养物质（Li et al.，2007；Yan et al.，2013）。虽然已经有人研究了不同粒径和养分对风蚀损失的敏感性，但大多数研究只考虑了风蚀对土壤质地或营养物质变化的影响，很少有研究同时关注风蚀对土壤干团聚体分布、粒径及土壤养分的影响，尤其是在风蚀强度不断变化的情况下。

本研究通过测定自然风吹蚀处理，获得不同吹蚀程度的 3 种草原土壤样品，探讨了 3 种草原土壤对自然风吹蚀处理的响应，分析了 3 种草地类型土壤干团聚体和粒度分布与土壤风蚀强度之间的定量关系，以及土壤养分与土壤风蚀强度之间的定量关系。最终建立由人类活动和风蚀叠加作用引起温带草原区土壤细团聚体及其养分损失的概念模型。

以内蒙古 3 种不同的草原类型为研究对象，包括草甸草原（MS）、典型草原（TS）和荒漠草原（DS）。草甸草原取样地点位于内蒙古东北部的呼伦贝尔草甸草原的中心地带（49°19′N，119°56′E），该地区为森林到草原的过渡生态地带。年平均降水量在 350～500 mm，年平均气温在–5～–2℃变化。土壤类型一般为黑钙土或栗钙土，植被特征为典型草原，优势种为羊草和贝加尔针茅。典型草原取样地点位于内蒙古锡林郭勒草原白音锡勒牧场（43°33′28.7″N，116°40′20.2″E），该区为半干旱地区，土壤类型为典型的栗钙土和石灰性黑钙土。该区年平均降水量在 250～350 mm，年平均气温在–2～6℃。荒漠草原取样地点位于内蒙古锡林郭勒西部（42°16′26.2″N，112°47′16.9″E），属于草原到沙漠的过渡类型，该区年平均降水量为 150～250mm，年平均气温在 2～5℃。

通过控制土壤暴露于自然风的时间来模拟不同的风蚀强度，研究 3 种草地类型土壤干团聚体、粒径分布以及养分对风蚀的响应，我们选择了 3 个围封 5 年以上的封育草地进行取样，草甸草原样地从 2009 年开始围封，植被覆盖率高于 75%。典型草原样地从 1979 年开始围封，该地区植被覆盖率达到 70%以上，可以代表内蒙古典型草原的原生植被群落。荒漠草原样地从 2010 年开始围封，植被盖度 40%。2015 年 5 月对以上 3 个草地类型的试验样地土壤进行取样，收集地表 5cm 的土壤样品，实验室风干并筛分以去除根系和大于 2mm 的碎屑。将每种草地类型的预处理土壤样品分为 36 份，每份 400g，用于风蚀试验。

在白音锡勒牧场开展风蚀试验，将每份土壤样品置于 20cm×20cm×4cm 的托盘中，共制备 108 个土壤样品（3 个土壤类型×36 个样品）用于风蚀试验。选择一块 24hm²、地形平坦且植被盖度大于 80%（群落高度 20cm）的未放牧草地。该试验地地表条件相对均匀，除了在强沙尘天气，几乎没有原地起尘现象（Yan et al., 2015）。将托盘安装在试验地 1m 高处的支架上，以尽量减少地面风沙沉积物的影响。因此，在没有外部沙尘源沉积的情况下，我们所观测到的是一个单一的风蚀土壤损失过程，从而可以精确量化不同时间土壤损失比。用风速仪同步测定离地 1m 高度处的风速，该仪器由 1 个数据采集器（FC-2）、1 个三杯风速计和一个风向标组成。

风蚀试验于 2015 年 6 月 5 日开始，试验中，通过控制土壤暴露于自然风的时间来模拟不同的风蚀强度，根据风速动态和土壤损失程度，最终分别获得不同风蚀程度的草甸草原和典型草原土壤样品各 36 个（3 个重复×12 次取样），获得不同风蚀程度的荒漠草原土壤样品 33 个（3 个重复×11 次取样）。每次取 3 个托盘的土壤（3 次重复）带回实验室，计算风蚀强度（土壤损失比），计算公式如下：

$$SLR(\%) = \frac{MOS - MRS}{MOS} \times 100$$

式中，MOS 是样品的质量，400g；MRS 是侵蚀后残留在托盘中的土壤质量。

　　土壤干团聚体组分采用土壤筛分仪测定，土壤筛直径为 200mm，振动频率为 221 次/min，振击频率为 147 次/min，回转半径为 12.5mm。从粗到细（从上到下）安装了不同网眼尺寸的 5 个筛子，筛选时间为 5min。土壤干团聚体不同组分筛分等级如下：小于 0.05mm，0.05～0.125mm，0.125～0.2mm，0.2～0.45mm，和大于 0.45mm。用于粒度分析的样品采用六偏磷酸钠进行分离（Wang et al.，2006）。然后用 Mastersizer 2000 激光粒度分析仪测定原始土壤的粒度，测量范围 0～2000μm。

第一节　风蚀对草原土壤干团聚体粒径分布的影响

一、试验期间的风速动态

　　图 6-1 为试验期间的风速动态，当风速达到 5m/s 时，可以观察到土壤风蚀。因此，将发生风蚀所需的风速阈值设置为 5m/s（Gillette et al.，1980；Yan et al.，2015）。在整个试验过程中，超过阈值的时间为 291min，最大风速为 18.5m/s。总试验时间根据风速条件及风蚀程度分为 5 个阶段。

二、原始土壤属性和土壤损失比

　　3 种原始土壤样品的干团聚体、粒径分布和养分含量见表 6-1。典型草原土壤中 0.05～0.125mm 和 0.125～0.2mm 的干团聚体含量最高（$P<0.05$），其次为草甸草原和荒漠草原。荒漠草原土壤中大于 0.45mm 的干团聚体含量最高（$P<0.05$），其次为草甸草原和典型草原。典型草原和荒漠草原土壤中 0.2～0.45mm 干团聚体含量无显著差异，均高于草甸草原（$P<0.05$）。3 种土壤类型中，小于 0.05mm 的干团聚体含量均低于 7.58%，且 3 种土壤没有显著差异。

　　小于 0.05mm 的粒径分数所占比例最大，草甸草原中为 61.59%，典型草原中为 54.87%，荒漠草原中为 49.98%。3 种土壤类型中 0.05～1.25mm 或 0.125～0.2mm 的粒径分数无显著差异。此外，0.2～0.45mm 和大于 0.45mm 的粒径含量在草甸草原和典型草原土壤中无显著差异，且均低于荒漠草原中的含量。

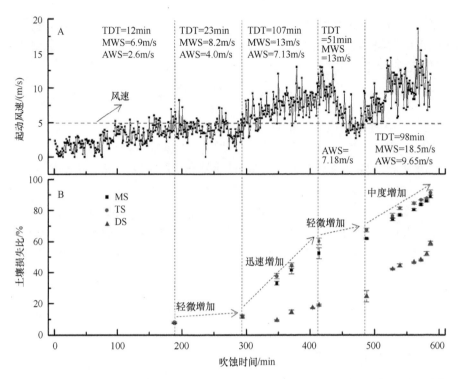

图 6-1 试验期间样地中离地 1m 高度处的 1min 平均风速（A）和随着时间的推移 3 种草地的土壤损失比（B）

TDT 为试验期间高于阈值风速的总持续时间；MWS 为最大风速；AWS 为平均风速

草甸草原土壤中的有机碳、全氮和速效氮含量最高，其次为典型草原和荒漠草原土壤（$P<0.05$）。典型草原和荒漠草原土壤中的全磷和速效钾的含量无显著差异（$P>0.05$），均低于草甸草原（$P<0.05$）。三种土壤中的速效磷含量均无显著差异（$P>0.05$）。

随着风蚀时间的增加，3 种草原类型土壤损失比显著增加（图 6-1），如草甸草原、典型草原和荒漠草原的土壤损失比分别从 7.66%、8.06% 和 39% 增加到 88.77%、91.09% 和 58.59%。草甸草原和典型草原的土壤损失比无显著差异，二者均高于荒漠草原（$P<0.05$）。土壤损失比的增加随着风速条件的变化而变化，如典型草原土壤损失比在前 294min 略有增加，其增加幅度只有 12.10%。从 295～414min，土壤损失比从 12.10% 迅速上升至 59.88%，随后，在 415～488min，又从 59.88% 上升到 67.10%，在 489～587min，又上升到 91.09%。

三、不同风蚀强度下土壤干团聚体和粒径分布

图 6-2 为随着风蚀强度的增加，3 种土壤类型中干团聚体和粒径分布的变化情

表 6-1　草甸草原（MS）、典型草原（TS）和荒漠草原（DS）0~5cm 土层中的干团聚体、粒径分布和化学性质

样地	有机碳/(g/kg)	全量/(g/kg)		速效养分/(mg/kg)			干团聚体分布/%					土壤粒径分布/%				
		N	P	N	P	K	<0.05 mm	0.05~ 0.125mm	0.125~ 0.2 mm	0.2~ 0.45mm	>0.45 mm	<0.05 mm	0.05~ 0.125 mm	0.125~ 0.2 mm	0.2~ 0.45mm	>0.45 mm
MS	50.95a	0.45a	0.7a	319.65a	4.37a	432.04a	7.58a	43.60b	12.02b	16.71b	20.09b	61.59a	31.12a	4.19a	2.26b	0.83b
TS	21.06b	0.22b	0.44b	292.29b	4.76a	375.44b	4.09a	52.00a	16.94a	18.85a	8.13c	54.87ab	34.98a	5.95a	2.83b	1.36b
DS	10.18c	0.10c	0.43b	76.94c	3.68b	374.51b	4.69a	33.40c	10.63b	20.30a	30.98a	49.98b	28.61a	6.50a	6.12a	8.79a

注：同列数据后的不同字母表示样地间差异显著（$P<0.05$）

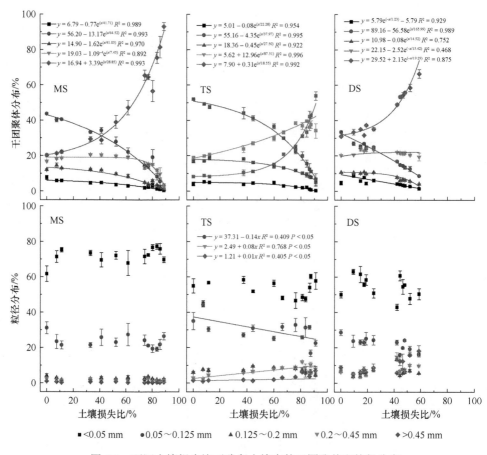

图 6-2　不同土壤损失比下残留土壤中的干团聚体和粒径分布

况。随着风蚀强度的增加，小于 0.05mm、0.05～0.125mm 和 0.125～0.2mm 的干团聚体表现出不同程度的减少，0.2～0.45mm 的干团聚体变化很小，大于 0.45mm 的干团聚体呈指数增长。3 种土壤中，0.05～0.125mm 和大于 0.45mm 的干团聚体变化最大。例如，草甸草原土壤损失比从 0% 增加到 88.71% 时，其残留土壤中 0.05～0.125mm 的干团聚体从 43.60% 下降到 2.90%，大于 0.45mm 的干团聚体从 20.09% 增加到 93.03%。随着风蚀强度的增加，草甸草原中残留土壤的粒径分布没有显著变化，典型草原和荒漠草原土壤中，小于 0.05mm 和 0.05～0.125mm 的粒径减少，而大于 0.45mm 的粒径增加。在典型草原和荒漠草原的残留土壤中 0.125～0.2mm 和 0.2～0.45mm 的粒径呈先增加后降低的趋势。

四、土壤干团聚体、粒径分布和风蚀强度

不同风蚀强度下土壤干团聚体和粒径的分布的测定结果表明，土壤干团聚体

和粒径分布之间存在显著差异，3 种草原类型中，小于 0.05mm 的颗粒含量大于 49.98%，而小于 0.05mm 的干团聚体含量却小于 7.58%。由此表明，大部分细颗粒以团聚体的形式存在，因此干团聚体的粒径分布被认为是影响风蚀的直接因素，粒径分布为间接因素。一些研究揭示了土壤团聚体和土壤质地对风蚀的影响机制，还有一些研究证实了风蚀过程中颗粒粗化的过程（Li et al.，2007；Yan et al.，2013）。然而，大多数研究都是关于不同风蚀条件下土壤粒径分布的变化，很少有对风蚀强度持续增加的情况下土壤干团聚体和粒径分布进行研究，尤其对干团聚体粒径分布和风蚀强度之间的相关关系缺乏定量描述。

本研究采用一种新的方法获得不同风蚀强度的土壤样品，荒漠草原样地中土壤损失从 9.39% 持续增加到 58.59%，草甸草原和典型草原中从 8% 左右增加到 90%。该方法使我们能够确定土壤损失比与土壤干团聚体和粒径分布之间的定量关系。研究发现，3 种草地类型中，随着风蚀强度的增加，小于 0.2mm 的组分（包括小于 0.05mm，0.05～0.125mm 和 0.125～0.2mm）呈指数下降的趋势，而大于 0.45mm 的组分呈指数增长的趋势（图 6-2）。该结果与前人的研究结果一致。Chepil （1953b）的研究显示，小于 0.42mm 的组分是高度可蚀的，＞0.42mm 的颗粒为半可蚀和不可蚀的组分。而我们的研究中，大于 0.45mm 的干团聚体组分是半可蚀和不可蚀的。这些组分富集在残余土壤中，随着风蚀强度的增加而增加。此外，我们还发现，干团聚体粒径分布与土壤损失比之间存在显著的指数关系，可用于风蚀的估算（Wang et al.，2015）。土壤损失比可以根据干团聚体组分的变化（如风蚀前后小于 0.2mm 干团聚体组分的变化）进行定量估算。

土壤质地作为控制土壤团聚体结构的直接因素，是影响风蚀的第二个重要因素，而风蚀强度会影响土壤粒度分布。我们的研究表明，在典型草原和荒漠草原中，小于 0.125mm 的组分，尤其是 0.05～0.125mm 的组分会随着土壤损失比的增加呈显著降低趋势。该研究结果与 Li 等（2009）和 Yan 等（2013）的研究结果一致。然而，草甸草原中，随着土壤损失比的增加，土壤粒径分布无显著变化，且草甸草原中小于 0.125mm 颗粒组分占 92.71%。对 3 种草地类型土壤的大于 0.45mm 干团聚体中小于 0.125mm 颗粒含量进行测定发现，草甸草原土壤大于 0.45mm 干团聚体组分中小于 0.125mm 颗粒含量达到 93.67%，分别比典型草原和荒漠草原高 15.25% 和 23.12%。这一发现表明，使用小于 0.125mm 的颗粒组分作为风蚀强度的指标不适用于草甸草原土壤，因为草甸草原土壤中的几乎所有颗粒（92.71%）粒径均小于 0.125mm。

第二节　风蚀对草原土壤养分的影响

随着风蚀强度的增加，3 种草原土壤类型中有机碳、全氮和速效氮，以及典型草原和荒漠草原土壤类型中的全磷和速效钾均呈指数减少（图 6-3），如草甸草原、典型草原和荒漠草原 3 种草地土壤的初始有机碳含量分别为 50.95g/kg、21.06g/kg 和 10.18g/kg，在土壤损失比分别为 88.7%、91.09% 和 58.59% 时，其土壤有机碳含量分别降低了 15.62%、43.28% 和 50.74%。

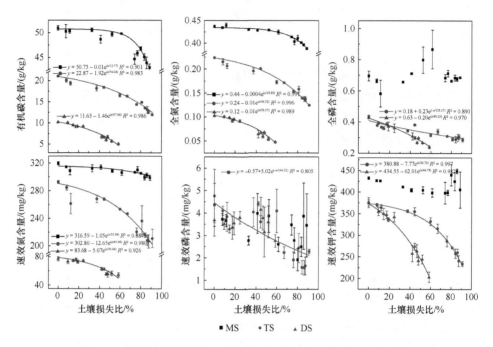

图 6-3　3 种草原类型不同土壤损失比下的土壤有机碳和养分含量

　　干团聚体组分比例和养分之间的相关关系如图 6-4 所示，小于 0.2mm 的干团聚体与土壤养分含量之间呈显著的正线性相关关系（$P<0.0001$）。例如，在典型草原土壤中小于 0.2mm 的组分减少 1% 时，土壤中有机碳、全氮、全磷、速效氮、速效磷和速效钾的含量分别减少 0.14g/kg，0.001g/kg，0.002g/kg，1.29mg/kg，0.05mg/kg 和 2.38mg/kg。在典型草原和荒漠草原中，<0.125mm 粒径组分含量与土壤养分含量之间也存在显著的正线性相关关系（$P<0.0001$），而草甸草原中未发现这种相关性（图 6-5）。

　　众所周知，风蚀会导致有机碳和养分的损失，但是关于土壤养分变化与不断增加风蚀强度之间的量化函数关系的研究较少。本研究显示养分含量与风蚀强度（SLR）呈显著的指数关系，土壤流失导致土壤养分的损失（Yan et al.，2013）。土壤有机碳和养分含量与土壤细颗粒关系更密切，风蚀造成的细颗粒损耗最多（Li et al.，2007；Yan et al.，2013）。而以往的研究大多集中在粒径分布和养分含量的相关性，很少研究干团聚体和养分含量之间的相关性。本研究结果显示，小于 0.2mm

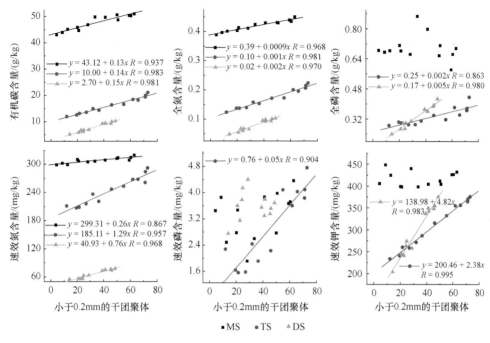

图 6-4　3 种草原类型土壤养分和土壤干团聚体分布的关系

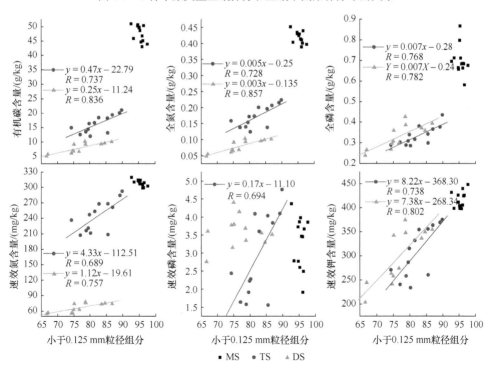

图 6-5　3 种土壤养分和土壤粒径分布的关系

的干团聚体与养分含量呈显著的线性关系（图 6-4）。例如，大于 0.2mm 的粒径含量每增加 1%，或小于 0.2mm 的粒径含量每减少 1%，草甸草原、典型草原和荒漠草原中的土壤有机碳含量将分别增加 0.13g/kg、0.14g/kg 和 0.15g/kg。该结果表明，除了粒径分布之外，干团聚体粒径分布也是反映有机碳和养分含量的重要因素。本研究全面、定量地描述了土壤干团聚体、有机碳和养分含量随着土壤风蚀强度的增加呈指数下降的过程。

第三节　人类活动与风蚀的叠加作用驱动草地退化

草甸草原和典型草原比荒漠草原降水量更多、植被盖度更高，荒漠草原的地上生物量为 577.78kg/hm², 分别占草甸草原和典型草原的 29.21% 和 46.43%（Ma et al.，2006），且荒漠草原的有机碳含量、养分含量和黏粉粒含量在 3 种草原土壤类型中均最低（表 6-1）。研究表明，荒漠草原中等风蚀强度的面积占 60.41%，为草甸草原和典型草原的 1.81 倍（Ao and Li，2001）。在自然条件下，荒漠草原的风蚀强度最高，因此，细颗粒和有机碳含量低的土壤更容易被侵蚀，因为有机碳含量高的土壤往往具有较高的植被盖度和更好的土壤团聚结构（Yan et al.，2015）。Webb 等（2013）的研究也表明，细颗粒和有机碳含量较少的沙质土壤比细颗粒含量和有机碳含量高的土壤释放更多的粉尘和土壤有机碳。

本研究结果与自然条件下的研究结果不同，3 种土壤类型中，荒漠草原的土壤损失比最低，最不容易被侵蚀（图 6-1）。当土壤经过处理后（如风干，筛分以去除根系和大于 2mm 的碎屑），排除了植被盖度和大土壤团聚体等环境因素的影响，使得土壤抗风蚀性主要取决于小土壤干团聚体或颗粒本身。因此，具有较多细颗粒和有机碳的松散土壤最容易被侵蚀，也就是说，一旦草甸草原或典型草原的植被覆盖和土壤结构被干扰破坏，其遭受风蚀的风险将会增加，有机碳和养分势必损失（Webb et al.，2012）。如果缺乏长期的利用规划，未来的典型草原环境很有可能恶化成类似现在的荒漠草原（张建等，1988）。

本研究定量地揭示了不同风蚀强度下细土壤干团聚体和养分的损耗过程，虽然这一结果是基于裸露土壤的试验，但我们认为细土壤干团聚体和相关养分的损耗规律可以推广到干旱半干旱地区的草原土壤。过度放牧、开垦和机械碾压等人类活动破坏了植被，使得表层土壤裸露被侵蚀，这是导致风蚀的直接因素（Hai et al.，2003；Hoffmann et al.，2008，2011；Li et al.，2007；Yan et al.，2013）。结合前人的研究结果，本研究建立了人类活动和风蚀影响下的草原土壤退化的综合概念模型（图 6-6），确定了风蚀强度与土壤干团聚体和粒径分布的定量关系，以及干团聚体、粒径分布与有机碳和养分含量的定量关系。这些结果对于建立干旱、半干旱草原区土壤风蚀模型具有重要意义。

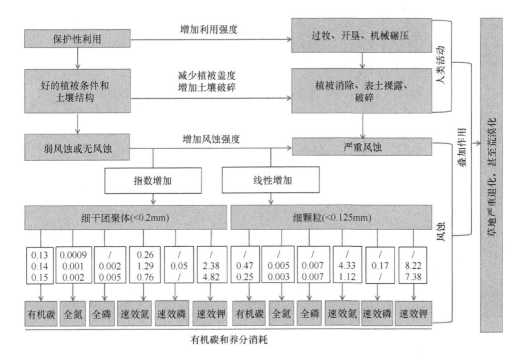

图6-6　人类活动与风蚀叠加作用引起的草原细颗粒及养分损失过程的概念模型

其中方框内的3组数字代表3种草原土壤细干团聚体、细颗粒与养分之间线性关系的斜率

第七章　草原植被盖度对土壤风蚀的影响

第一节　植被盖度对草原风蚀的影响

风蚀是发生在诸多干旱、半干旱以及农业区域的一个普遍现象（D'Almeida，1986；Goudie，1983；Gillette and Hanson，1989；刘东升，1985）。从局部范围到全球尺度风蚀在许多生物地球化学过程中起到重要作用（Lawrence and Neff，2009；Shinoda et al.，2011；Poortinga et al.，2011；Prospero et al.，2012）。评估表明，每年有2000Mt的沙尘释放到大气当中（Shao et al.，2011）。中国北方草地由于植被盖度的降低已经成为风蚀的主要区域（Lepers et al.，2005）。典型草原是内蒙古天然草原的主体。在过去的几十年中，过度放牧和开垦导致该区域严重的风蚀，风蚀地表平均粒径增加2倍（闫玉春等，2010）。风蚀已经成为影响该区域土地退化的主要因子。

在风蚀过程中，植被覆盖可以通过保护地表降低风速进而达到防止风蚀的作用。董治宝等（1996）研究表明，风蚀速率随着植被盖度的减少呈指数增加。植被盖度对风沙土风蚀的作用的影响可划分为3种程度类型：大于60%为轻度风蚀或无风蚀；60%~20%为中度风蚀，小于20%为强烈风蚀。黄富祥等（2001）在毛乌素沙地研究表明，在多数情况下植被盖度达到40%~50%时可以有效地防止风蚀，但是在最大风条件下（>20m/s）如果要有效地防止风蚀，植被盖度一定要达到60%~70%。而目前多数相关研究集中在植被盖度对风蚀的影响上（Mu and Chen，2007），关于植被盖度通过影响风蚀进而影响到土壤质地及土壤养分的相关试验研究较少。

关于细颗粒优先被风蚀的结论已经形成一个普遍的共识。在澳大利亚南部半干旱开垦的草原，Leys和McTainsh（1994）研究表明，经过20周的风蚀，土壤中大于250μm颗粒含量增加，而75~210μm和小于2μm颗粒组分减少。Li等（2009）发现，在美国新墨西哥州南部的沙质草地，经过2年的风蚀，50~125μm和小于50μm颗粒组分含量显著减小。闫玉春等（2010）研究表明，在内蒙古典型草原区，开垦和过牧的草地经过24年的风蚀，土壤砂粒含量分别增加31.6%和45.6%。尽管以上试验研究已经对细颗粒优先被吹蚀做出了描述，但是针对风蚀对土壤质地及土壤养分的定量影响，尤其是在不同植被覆盖条件下的试验研究仍然很少。

许多研究测定了砂粒的临界侵蚀风速，并绘制了不同粒径颗粒的临界侵蚀风速变化曲线，表明最低侵蚀风速的颗粒粒径在 75～100μm（Bagnold，1937；Chepil，1945；Iversen et al.，1976）。然而多数相关实验都采用没有砾石、没有植被覆盖的理想化的、松散干燥的砂粒在风洞中开展的。所以这些研究结果更适于海滩沙丘的应用。由于在野外试验中很难直接观测最可蚀性颗粒，因此，针对最可蚀性颗粒的野外观测研究很少，尤其是在不同植被覆盖条件下的相关研究更少。在本研究中，我们提出了一个可行的解决方法。我们认为最可蚀颗粒组分将会有最大的损失比，因此可以通过分析不同粒径组分的损失比来确定最可蚀性颗粒组分。相信这一方法可以为接下来相关的研究提供一个有效的技术途径。

土壤风蚀的一个直接结果是相关的土壤养分损失。跃移（75～500μm）颗粒主要通过在局部小范围内的再分配，对生态系统的植被和土壤产生重要影响（Larney et al.，1998；Li et al.，2007；Okin et al.，2006）。而小于50μm颗粒的释放，则会影响到从局部范围到全球尺度（下风向的几百米到几千公里）的土壤养分状况（Okin et al.，2004；Webb et al.，2012）。风蚀优先剔除细颗粒组分，而土壤有机碳及土壤养分则也伴随着细颗粒的损失而优先被剔除（Li et al.，2007，闫玉春等，2011）。苏永中和赵哈林（2003b）研究表明，黏粉粒中有机碳和氮的含量分别是粗砂中含量的 6.7 倍和 5.7 倍，是极细砂的 4.5 倍和 4.1 倍。因此，不同粒径组分损失必然导致不同程度的养分损失。然而，关于不同植被盖度下风蚀对土壤质地及土壤养分的定量影响研究很少。

本研究的目标是：①探索植被覆盖对风蚀的影响；②定量分析不同植被盖度下风蚀对土壤质地的影响，确定最可蚀性颗粒组分；③定量分析不同植被盖度下风蚀导致的土壤有机碳及养分的损失。

研究样地位于内蒙古锡林河中游北岸二级台地上（43°26′～44°08′N，116°04′～117°05′E），地势平坦，北边有一条宽约 10km 的固定沙带。该样地土壤为沙质栗钙土，土壤 pH 为 7.2～7.5。该区属半干旱草原气候，冬季寒冷干燥，夏季较为温和湿润，3～5 月常有大风，月平均风速达 4.9m/s。 年平均气温为–0.4℃，最冷月（1 月）平均温度–22.3℃，极端最低温为–47.5℃，最热月（7 月）平均温度 18.8℃，≥10℃的积温为 1597℃，持续 112 天，无霜期约 100 天，草原植物生长期约 150 天。年降水量 350mm 左右，集中于 6～9 月，占全年降水量的 75% 左右，降水量的季节和年际变化非常大。

供试样品取自长期封育恢复良好的草地表层（0～5cm）土壤。取得的原始土壤样品阴干后过 2mm 筛，同时去除草根及杂物。将处理好的样品分成若干份，每份重200g，作为供风蚀处理的原始土样。原始土样的主要粒径和养分含量见表7-1。

表 7-1　原始土样特征

分级			有机碳/（g/kg）	N/（g/kg）	P/（g/kg）	速效氮/（mg/kg）	速效磷/（mg/kg）
<0.05mm	0.05～0.125mm	>0.125mm					
39.82%（0.70）	29.72%（0.11）	30.47%（0.77）	15.03（0.20）	1.48（0.02）	0.36（0.02）	171.62（5.63）	11.28（0.05）

注：括号中数据为标准误差 $n=3$

　　通过串联不同数量的小束牧草模拟 6 种植被盖度（约 95%、约 75%、约 55%、约 35%、约 15% 和 0%）。采用牧草高度 15cm，托盘尺寸为边长 20cm 的正方形，托盘高度 4cm。将提前准备好的土壤样品（20g）分别平铺在每个托盘内。为避免降尘的影响，通过钢筋架支撑将托盘放置在距地面 1m 高的位置。为避免各处理间的相互干扰，各不同处理与主风向垂直排成一列，不同处理相距 1.5m，每种处理 3 次重复（图 7-1）。

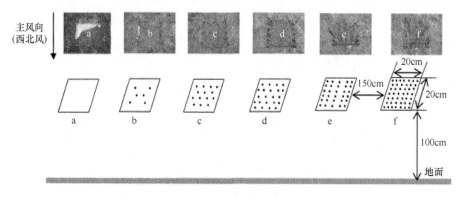

图 7-1　模拟不同盖度下的土壤吹蚀试验
图中的黑点代表牧草的均匀分布状况

　　3 次实验时间分别为：第一次，2011 年 5 月 5 日～5 月 14 日；第二次，2011 年 5 月 14 日～5 月 23 日；第三次，2011 年 5 月 23 日～6 月 1 日。每次试验完毕，首先将镀锌铁皮托盘上的植被拿掉，而后用刷子将托盘内的沙尘清理干净，收集在样品袋内。带回实验室用电子天平称量沙尘的重量（精确到 0.0001g）。

　　采用日本产激光粒度分析仪（SALD-3001）进行沙尘及土壤粒度分析。有机碳含量测定用重铬酸钾氧化-外加热法，用半微量凯氏法测定土壤全氮含量，用酸溶-钼锑抗比色法测定土壤全磷含量。

　　土壤损失比（SLR）的计算公式如下：

$$SLR = \frac{MOS - MRS}{MOS} \times 100\%$$

式中，SLR 为土壤损失比；MOS 为原始土壤质量；MRS 为风蚀后剩余土壤质量。

养分损失比=（原始土壤养分含量×原始土壤质量−剩余土壤养分含量×剩余土壤质量）/（原始土壤养分含量×原始土壤质量）

假设不同粒径组分具有相同的密度，那么不同粒径组分的损失比可以用下列公式计算：

$$G_{k-j}LS = \frac{PG_{k\sim j}OS \times MOS - PG_{k\sim j}RS \times MRS}{PG_{k\sim j}OS \times MOS} \times 100\%$$

式中，$G_{k\sim j}LS$ 为 $k\sim j\mu m$ 的粒径组分损失率；$PG_{k\sim j}OS$ 为原始土壤中 $k\sim j\mu m$ 的粒径组分；MOS 为原始土壤质量；$PG_{k\sim j}RS$ 为剩余土壤中 $k\sim j\mu m$ 的粒径组分所占的比例；MRS 为剩余土壤质量。

最后，将气象数据、土壤损失率以及土壤质地、土壤养分等土壤属性进行分析整合，解析不同植被盖度下风蚀对土壤质地和养分的定量影响。

一、试验期间气象条件

根据成天涛等（2006）确定的地表临界侵蚀风速，我们确定了本试验 10m 高的临界侵蚀风速为 6.2 m/s。在连续的 3 次试验中，大于临界侵蚀风速的持续时间分别为 106h、78h 和 110h。3 次试验期间的累积降雨量分别为 3.8mm、3.8mm 和 4.8mm。然而，3 次试验中首次降雨分别发生在第 4 小时、第 104 小时和第 140 小时。3 次试验中首次降雨前的大于临界侵蚀风速的持续时间分别为 3h、38h 和 85h（图 7-2）。

二、风蚀处理后不同植被覆盖条件下土壤损失比

随着植被盖度的增加，土壤损失比呈指数减小。在连续的 3 次试验中，土壤损失比分别从无植被覆盖的 67.1%、84.6%、88.3% 降低到 95%植被覆盖的 8.0%、39.1%和 47.8%（图 7-3）。第二和第三次试验的土壤损失比在各个处理上都显著高于第一次试验。

三、风蚀处理后不同植被覆盖条件下粒径组分损失

粒径分布频率曲线表明，与原始土壤样品相比，风蚀后所有土壤样品都表现为粗粒化（图 7-4）。而且风蚀处理前后的变化程度随着植被盖度的减小而增加。在第一次试验中，风蚀前后的粒度变化较小，而在第二和第三次试验中都表现出显著的变化。区分风蚀处理前后的关键粒径范围在 125~210μm，在残留土壤中大于关键粒径颗粒组分含量显著高于原始土壤样品，而小于关键粒径颗粒组分含量明显低于原始土样。关键粒径值随着植被盖度的减少呈增加趋势，以第二次试验

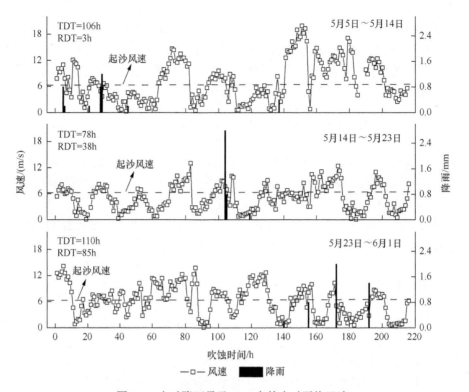

图 7-2 小时降雨量及 10m 高的小时平均风速

TDT. 试验期间大于临界侵蚀风速持续时间；RDT. 试验期间首次降雨前大于临界侵蚀风速持续时间

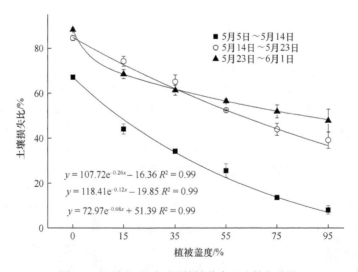

图 7-3 风蚀处理后不同植被盖度下土壤损失比

为例，关键粒径从 95%植被覆盖的 125μm（120～130μm）增加到无植被覆盖的 165μm（160～170μm）。在 3 次试验中，在 50～90μm 都出现了一个明显的低谷，表明这是对风蚀最为敏感粒径范围（图 7-4）。粒径变化受植被盖度影响，如在第二次试验中，粒径低谷在 95%植被覆盖情况下出现在 55μm，在无植被覆盖条件下出现在 65μm。

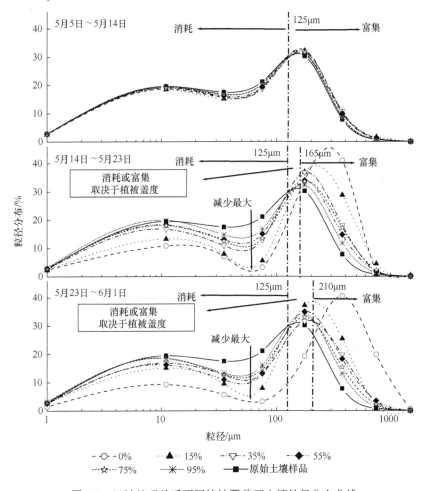

图 7-4 风蚀处理前后不同植被覆盖下土壤粒径分布曲线

在原始土壤样品中，小于 50μm、50～125μm 和大于 125μm 土壤颗粒含量分别为 39.8%、29.7%和 30.5%。在第一次试验中，随着植被盖度的减小，残留土壤粒径分布变化较小，大于 125μm 颗粒从 95%植被覆盖的 31.9%增加到无植被覆盖的 35.5%，但统计上差异不显著。在第二和第三次试验中，风蚀处理后，小于 50μm 和 50～125μm 颗粒组分含量随着植被盖度增加呈指数增加，而大于 125μm 组分颗粒含量随着植被盖度增加呈指数减少。例如，在第二和第三次试验中，大于125μm 颗粒含量分别从 95%植被覆盖的 37.7%和 41.0% 增加到无植被覆盖的74.6%和 79.1%（图 7-5）。

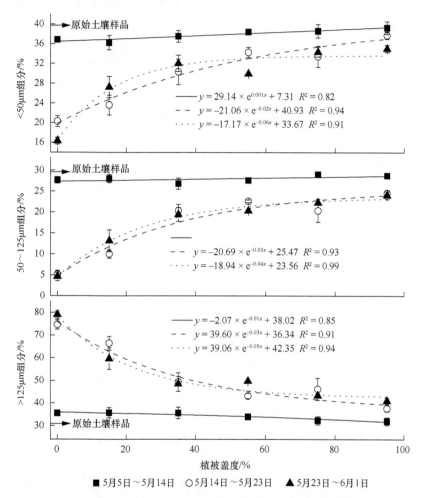

图 7-5　风蚀后残留土壤粒径组分含量与植被覆盖的关系

随着植被盖度减小，不同粒径组分损失比呈逐渐增加。损失比的峰值出现在55μm（50～60μm）。当粒径小于 55μm 时，损失比随着粒径增加而增加；当粒径大于 55μm 时，损失比随着粒径的增加而减小。然而，随着植被盖度的减少及风蚀强度的增加，损失比峰值会推移到 90μm（80～100μm）的粒径（图 7-6）。

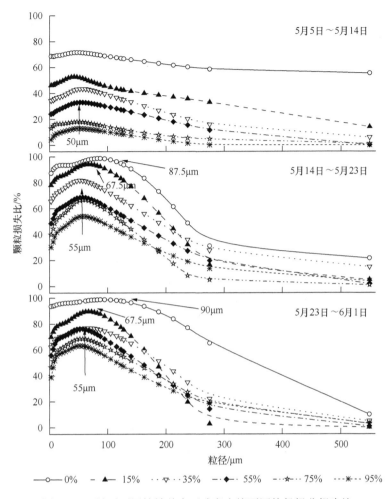

图 7-6　风蚀后不同植被盖度下残留土壤不同粒径组分损失比

四、风蚀处理后不同植被覆盖条件下土壤养分损失

与原始土壤样品相比，风蚀处理后，除了速效磷外残留土壤的其他测定指标均表现出养分剥除的特征。例如，原始土壤样品中有机碳含量为 15.03g/kg，风蚀后，不同处理样品有机碳含量减少幅度在 5.46%～80.71%。然而高植被覆盖下残留土壤中速效磷含量表现出一定的富集，如在连续的 3 次试验中，95%植被覆盖下残留土壤速效磷含量分别为 12.68mg/kg、14.50mg/kg 和 12.08mg/kg，分别比原始土壤高出 12%、29%和 7%。风蚀后残留土壤养分含量随着植被盖度的增加而增加。以有机碳为例，在连续的 3 次试验中，有机碳含量从无植被覆盖的 11.91g/kg、2.90g/kg 和 3.17g/kg 分别增加到 95%植被覆盖下的 14.21g/kg、12.23g/kg 和

11.06g/kg。氮、磷、速效氮和速效磷含量与有机碳含量呈相同的变化趋势（表 7-2）。风蚀处理后，碳氮比随植被盖度的增加而增加，如 3 次试验中，95%植被覆盖的碳氮比分别为 9.73、9.87 和 10.05，分别是无植被覆盖下的 1.1 倍、1.2 倍和 1.2 倍。

表 7-2   风蚀后不同植被覆盖下残留土壤有机碳、全氮、全磷、速效氮、速效磷含量

处理	含量	0%	15%	35%	55%	75%	95%	原始土壤
5月5日～5月14日	OC/（g/kg）	11.91c	12.03b	12.77bc	13.21b	13.66ab	14.21a	15.03
	N/（g/kg）	1.30d	1.26cd	1.34cd	1.37bc	1.43ab	1.46a	1.48
	P/（g/kg）	0.32ab	0.30b	0.34ab	0.34ab	0.37a	0.37a	0.36
	N_{Avail}/（mg/kg）	160.26b	157.97b	158.22b	163.21b	183.29a	172.21ab	171.62
	P_{Avail}/（mg/kg）	9.65d	10.19cd	10.90bc	11.70ab	11.66ab	12.68a	11.28
	C/N	9.19a	9.55a	9.56a	9.64a	9.55a	9.73a	10.16
5月14日～5月23日	OC/（g/kg）	2.90e	5.00d	8.04c	10.21b	11.64ab	12.23a	15.03
	N/（g/kg）	0.35e	0.54d	0.84c	1.07b	1.13b	1.24a	1.48
	P/（g/kg）	0.10c	0.17c	0.16c	0.27b	0.27b	0.36a	0.36
	N_{Avail}/（mg/kg）	55.58e	83.21d	107.39c	132.45b	143.33ab	156.76a	171.62
	P_{Avail}/（mg/kg）	4.78e	8.76d	11.76bc	12.48abc	13.77ab	14.50a	11.28
	C/N	8.20d	9.26c	9.57bc	9.57bc	10.30a	9.87ab	10.16
5月23日～6月1日	OC/（g/kg）	3.17c	8.27b	9.67ab	9.63ab	10.92a	11.06a	15.03
	N/（g/kg）	0.38c	0.88b	0.98ab	1.01ab	1.12a	1.10a	1.48
	P/（g/kg）	0.12b	0.25a	0.26a	0.29a	0.31ab	0.30a	0.36
	N_{Avail}/（mg/kg）	57.09b	124.59a	118.95a	124.31a	128.04a	137.58a	171.62
	P_{Avail}/（mg/kg）	5.25c	9.37b	10.48ab	10.97ab	11.81a	12.08a	11.28
	C/N	8.27c	9.40b	9.90ab	9.50ab	9.75ab	10.05a	10.16

注：数据后不同字母表示不同植被覆盖处理间差异显著（$P<0.05$）
OC. 有机碳；N_{Avail}. 速效氮；P_{Avail}. 速效磷

所有测定的土壤养分损失比均随着植被盖度增加而减小。以有机碳为例，在连续的 3 次试验中，无植被覆盖的有机碳损失比分别为 73.41%、96.93%和 97.48%，分别是 95%植被覆盖的 6.6 倍、2.0 倍和 1.6 倍。除了速效磷外，所有测定的土壤养分损失比均高于土壤损失比。以有机碳为例，在连续的 3 次试验中，各植被盖度处理下的平均有机碳损失比分别比相应的土壤损失比高出 29%、24% 和 22%（图 7-7）。

对土壤质地和养分的分析表明，养分高的土壤有较多的细颗粒。表 7-3 为粒径组分和养分含量的比例关系，二者具有极显著相关性（$P<0.0001$）。随着<0.125mm 粒径组分的增加，所有养分含量均呈线性增加的趋势，随着>0.125mm 粒径组分的增加，养分含量呈线性减少的趋势。例如，>0.125mm 粒径组分每增加 1%，土壤有机碳、氮、磷、速效氮和速效磷的含量将分别降低 0.22g/kg、0.02g/kg、0.005g/kg、2.31g/kg 和 0.12g/kg。

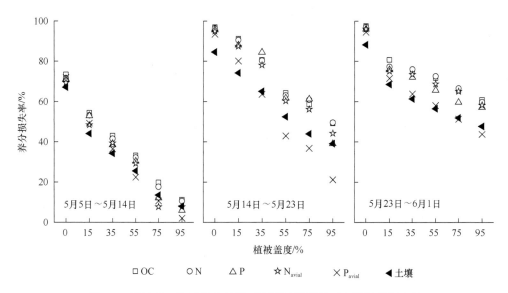

图 7-7 连续的 3 次试验中风蚀后不同植被覆盖下土壤养分损失比

表 7-3 粒径组分比例和养分含量的相关关系

粒径组分	有机碳/（g/kg）	氮/（g/kg）	磷/（g/kg）	速效氮/（g/kg）	速效磷/（g/kg）
<0.05mm（%）	$Y=0.47X-5.10$ $R=0.92$	$Y=0.05X-0.45$ $R=0.92$	$Y=0.01X-0.06$ $R=0.83$	$Y=4.86X-25.41$ $R=0.90$	$Y=0.27X+1.84$ $R=0.73$
0.05~0.125 mm （%）	$Y=0.41X+1.52$ $R=0.93$	$Y=0.27X+1.84$ $R=0.93$	$Y=0.27X+1.84$ $R=0.83$	$Y=0.27X+1.84$ $R=0.91$	$Y=0.27X+1.84$ $R=0.69$
>0.125 mm（%）	$Y=-0.22X+20.60$ $R=0.94$	$Y=-0.02X+2.09$ $R=0.93$	$Y=-0.005X+0.50$ $R=0.83$	$Y=-2.31X+239.89$ $R=0.91$	$Y=-0.12X+16.46$ $R=0.72$

注：显著性（$P<0.0001$，$n=59$），线性关系为 $Y=AX+B$，式中，Y 是养分含量，X 是土壤样品中相应的粒径组分，A 和 B 为常数

　　本节采用了一种新技术研究植被覆盖对土壤颗粒损失规律的影响。这一方法具有可重复性，为相关研究提供了一个新的技术途径。另外，我们提出了一个重要的思路用以解决最可蚀性颗粒的研究，这一方法可以推广至更大的区域。研究表明，在中国北方半干旱草原区，风蚀对土壤质地和土壤养分具有重要的影响。一般情况下，当植被盖度大于 35% 时，小于 125μm 颗粒组分优先被风蚀，随着植被盖度的减小，这个关键粒径会增加到 210μm。根据不同的植被盖度及气象条件，最可蚀性颗粒在 50~90μm。由于有机碳和氮、磷等养分在风蚀物质中的富集，与原始土壤相比，风蚀后残留土壤中有机碳、氮、磷、速效氮和速效磷含量分别降低 81%、76%、72%、68% 和 58%。这表明一定的土壤损失会导致更大比例的养分损失。另外，植被覆盖对防止风蚀和减少细颗粒、养分损失都具有重要作用。如果管理者想要有效地保护土壤细颗粒及养分，植被覆盖至少维持在 35% 以上。研究发现，降雨是一个影响风蚀的关键的甚至是具有决定作用的指标。值得注意的是，本研究中，降雨在时间上的分布是导致第一次试验中土壤损失和养分损失

比显著低于后两次试验的主要原因。

第二节　草原植被盖度对风蚀沙尘累积影响

植被覆盖状况是影响草原风蚀与沙尘沉降的关键因素。不合理利用下的退化草原本身已成为重要的沙尘源（赵哈林等，2000；许中旗等，2005），风洞试验表明，过度放牧和开垦的草地土壤侵蚀量分别达到 14.032kg/m^2 和 4.022kg/m^2，分别是禁牧草地的 45.12 倍和 12.93 倍。同时大面积的草原本身也会接收和拦截丰富的降尘。据报道，锡林河流域的典型草原区自然降尘量达到 35.2t/（km^2·month）（王艳芬等，2000）。而对于整个草原生态系统来讲，风蚀与降尘决定了其土壤物质的输入与输出的平衡，这种动态的平衡关系无疑会对草原土壤乃至整个草原生态系统产生重大影响。退化草地围封恢复后，与对照的持续过牧草地相比，其土壤中养分含量较高的细颗粒物质明显增加。究其原因，我们认为有两种可能：一方面持续过牧草地土壤中表层细颗粒物质不断被吹蚀，而围封草地由于植被盖度的提高会抑制或防止土壤风蚀，进而导致围栏内外土壤粒度及养分含量的差异；另一方面由于地表植被覆盖状况的改善，围封草地可以截存降尘。而降尘对土壤细颗粒物质及养分的增加具有重要贡献（闫玉春等，2011）。可以看出，植被覆盖在两种可能的原因中都起到关键作用。就退化草地而言，植被覆盖稀疏，不但不能截存降尘，反而成为沙尘的源头。因此有必要进行不同植被覆盖状况对降尘的截存作用研究，从理论上加深对草原土壤蚀积规律的了解，揭示草原植被对降尘的截存机制。实践上，弄清草原植被覆盖状况与降尘截存量的关系对草原生态保护以及退化草原恢复具有重要的指导意义。

地表植被是影响沙尘起动、搬运和沉降的关键因素。同样，关于植被与风蚀及沙尘沉降的关系，相关研究主要是揭示植被盖度对土壤风蚀量的抑制作用和对输沙率的影响（董治宝等，1996；慕青松等，2007），而对植被截存沙尘作用的研究较少。目前草原植被对风蚀沙尘的截存机制，尤其是植被盖度、高度等对风蚀沙尘截存的影响有待深入研究。本节通过建立不同的模拟植被覆盖模型，进行不同植被盖度下草原植被截存风蚀沙尘作用研究。

研究样地位于内蒙古锡林河中游北岸二级台地上（43°26′～44°08′N，116°04′～117°05′E）。将牧草（高度 20cm）用细铁丝捆绑成小束，并通过串联不同数量的小束来模拟不同植被盖度（约 95%、约 75%、约 55%、约 35% 和约 15%）及无植被覆盖处理（0%）。将已串联好的代表不同植被覆盖状况的模型固定在相应大小的开口正方形镀锌铁皮容器内（边长 90cm、高 5cm），并一同固定在监测区地表（图 7-8）。试验地为风蚀较为严重的退化草地，为避免各处理间的相互干扰，各处理的间距为 1.2m，各不同处理与主风向垂直排成一列，每种处理 3 次重复。试验期间试验地用围栏保护以防止干扰（Yan et al.，2011）。

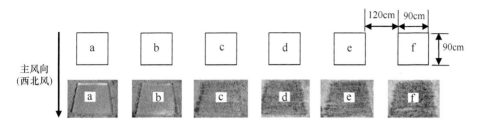

图 7-8　模拟不同植被盖度

试验于 2009 年 5 月 28 日开始，于 2010 年 5 月 22 日进行样品采集。首先将镀锌铁皮托盘上的植被拿掉，而后用刷子将托盘内的沙尘清理干净，收集在样品袋内。带回实验室用电子天平称量沙尘的重量（精确到 0.0001g）。

一、不同植被盖度下截存风蚀沙尘量

随着植被盖度的增加，截存沙尘速率呈幂函数增加趋势，植被盖度在 75% 左右时的截存量达到最大，而后保持稳定。有植被覆盖的 5 个处理所截存的沙尘量均显著高于无植被覆盖处理（0%），植被盖度 15%、35%、55%、75% 和 95% 的处理截存的沙尘速率分别达到 2.0 g/（m²·d）、2.2 g/（m²·d）、2.4 g/（m²·d）、2.5 g/（m²·d）和 2.5 g/（m²·d），分别是无植被覆盖处理的 1.7 倍、1.8 倍、2.0 倍、2.1 倍和 2.1 倍。75% 和 95% 植被覆盖处理截存的沙尘显著高于 15% 植被覆盖处理，然而，35% 和 55% 植被覆盖处理与 15%、75% 和 95% 之间无显著差异（$P > 0.05$）（图 7-9）。

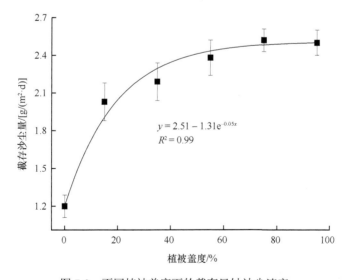

图 7-9　不同植被盖度下的截存风蚀沙尘速率

随着植被覆盖的增加，截存沙尘量变化呈现 3 个阶段：第一阶段是从 0%到 15%，截存沙尘量从 1.2g/（m²·d）迅速增加到 2.0g/（m²·d）；第二阶段是从 15% 到 75%，截存沙尘量缓慢增加从 2.0g/（m²·d）到 2.5g/（m²·d）；第三阶段是从 75%到 95%，截存沙尘量保持平稳。表明在该试验中，75%植被盖度可以完全截存沙尘。

本研究采用铁皮托盘作为介质，托盘边框对风速有扰动作用，其粗糙度与实际的草地地表存在一定差异。因此所获得试验数据与实际情况会有一定出入，在大范围的尺度推广上还需谨慎使用。但该试验结果在揭示不同植被覆盖度对风蚀沙尘的截存作用规律方面仍具有重要的借鉴意义。

植被对截存沙尘具有重要的作用，植被覆盖可以增加地表粗糙度并降低地表风速从而减少沉降沙尘的二次起尘量。研究表明风蚀速率随着地表粗糙度增加呈指数减少趋势，高粗糙度可以抑制沙尘起动。另外，地表粗糙度降低则减少沙尘沉积量。尽管我们没有作具体的测定，一方面植被降低风速并减少风的挟沙能力；另一方面植物的茎和叶直接阻挡沙尘也会增加沙尘的沉积速率。因此，大的净沙尘累积量归因于增加了沙尘的沉降速率和减少沙尘的再次起尘量两个因素（Yan et al.，2011）。

研究发现对于沙尘累积存在 2 个关键的临界值。一个是截存沙尘效率的临界值出现在 15%植被覆盖处理，当植被覆盖大于 15%时，沙尘累积增加缓慢，然而当植被覆盖低于 15%时，沙尘累积则急剧地减少。这表明在干旱半干旱区 15%的植被覆盖可以较好地截获沙尘。第二个关键临界值时最大的截存效率出现在 55% 和 75%之间，实际上，这样高的植被覆盖度，除了长期封育的草地，在研究区内是很难达到的。

二、不同植被盖度截存沙尘的粒度特征

由表 7-4 可以看出，有植被覆盖的 5 个处理所截存的沙尘中的砂粒含量明显低于无植被覆盖的对照处理，表明在风蚀过程中黏、粉粒更容易被吹蚀，而由于植被覆盖抑制了二次起尘，所以使得具有植被覆盖的处理所截存的沙尘中细颗粒含量更高。例如，具有不同植被覆盖的处理截存沙尘的黏粉粒含量占 12.1%～ 20.3%。但具有植被覆盖的各处理所截存沙尘的粒度无显著差异。与研究区对照的土壤样品相比，具有植被覆盖的处理所截存的沙尘具有更高的黏粉粒含量。表明风蚀沙尘的输入可以增加研究区内土壤的细颗粒物质。

大量研究表明，土壤颗粒在风力作用下连续的运输，细颗粒物质从地表不断被吹蚀，导致土壤质地变粗并造成养分贫瘠化（Larney et al.，1998；吕世海，2005；苏永中等，2002；苏永中和赵哈林，2003b；闫玉春，2008；闫玉春和唐海萍，2008b）

表 7-4　不同植被覆盖截存沙尘粒度特征

	植被覆盖	0%	15%	35%	55%	75%	95%	当地土壤
组分/%	黏粒（<0.002mm）	0.6b	1.9ab	2.5ab	2.8ab	3.5a	3.1ab	0.8b
	粉粒（0.002~0.05mm）	3.2c	10.2ab	11.7ab	12.8ab	16.8a	15.1ab	3.5c
	砂粒（>0.05mm）	96.2a	87.9bc	85.9bc	84.4bc	79.7c	81.8bc	95.7a

注：同行内数据后不同字母表示处理间差异显著（$P<0.05$）

（表 7-5）。我们的研究结果证实了以上结论，与对照处理相比，具有植被覆盖处理截存的沙尘具有更高的黏粉粒含量。这归结为两方面原因：①持续过牧草地土壤中表层细颗粒物质不断被吹蚀，而围封草地由于植被盖度的提高会抑制或防止土壤风蚀，进而导致围栏内外土壤粒度及养分含量的差异；②由于地表植被覆盖状况的改善，围封草地可以截存降尘。而降尘对土壤细颗粒物质及养分的增加具有重要贡献（闫玉春和唐海萍，2008b）。在退化草地，较低植被覆盖不能截获沙尘并且成为沙尘源。

表 7-5　不同研究区退化草地封育后土壤颗粒变化

时间	研究区	样地处理	研究结果
2002 年	科尔沁沙地	围封 5 年，围封前为放牧利用的退化沙质草地	围封恢复 5 年后，0~2.5cm 的表层土壤，极细砂（0.1~0.05 mm）、粉粒（0.05~0.002 mm）和黏粒（<0.002 mm）含量分别提高了 43.1%、11.1%和 32.5%
2005 年	呼伦贝尔	围封 17 年，围封前均为严重沙化草地	围封 17 年草地 0~2cm 土层中<0.01mm 颗粒约为 7.3%，是围封 1 年草地的 7 倍
2008 年	白音锡勒牧场	围封 11 年草地，围封前为重度退化草地	围封 11 年草地 0~10cm 土层中黏、粉粒（<0.05mm）为 39%，是连续放牧草地的 5.57 倍
2009 年	太仆寺旗	围封 12 年，生长季围封恢复草地，围封前放牧利用至重度退化	围封 12 年草地 0~10cm 土层中>0.25mm 粒径颗粒含量约为 18%，是连续放牧草地的 1/2

三、沙尘的养分输入作用

由表 7-6 可以看出，有植被覆盖的 5 个处理所截存的沙尘中的有机碳、全氮和全磷含量明显高于无植被覆盖的对照处理，说明具有植被覆盖的处理更有助于截存有机碳、全氮和全磷含量较高的沙尘。以 75%的处理为例，其截存沙尘的有机碳、全氮和全磷含量分别为 20.8g/kg、1.7g/kg 和 1.0g/kg，分别是无植被覆盖处理（0%）的 4.04 倍、2.57 倍和 4.5 倍。15%植被覆盖处理截存沙尘的有机碳和全氮含量明显低于其他 4 个具有植被覆盖的处理（$P<0.05$）。在截存沙尘的有机碳和全氮含量上，35%、55%、75%和 95%植被覆盖处理间没有显著差异。在截存沙尘全磷含量上，55%、75%和 95%植被覆盖处理间没有显著差异，但它们都高于 15%和 35%植被覆盖处理，15%植被覆盖处理也低于 35%植被覆盖处理。

表 7-6　不同植被覆盖截存沙尘有机碳、全氮、全磷含量

植被盖度	0%	15%	35%	55%	75%	95%	当地土壤
OC /（g/kg）	5.2c	12.3b	18.6a	19.2a	20.8a	21.0a	5.1c
TN/（g/kg）	0.7c	1.3b	1.6a	1.7a	1.7a	1.8a	0.6c
TP/（g/kg）	0.2d	0.5c	0.8b	0.9a	1.0a	0.9a	0.2d
C/N	8.0c	9.4bc	11.6a	11.2ab	12.3a	11.5a	9.2c

注：同行内数据后不同字母表示处理间差异显著（$P<0.05$）

　　35%、55%、75% 和 95% 植被覆盖处理截存沙尘的 C/N 值明显高于对照处理和当地土壤，如 75% 植被覆盖处理所截存沙尘的 C/N 值是 12.3，分别是对照处理和当地土壤的 1.5 倍和 1.3 倍。

　　而从截存有机碳、全氮和全磷速率来看（图 7-10），有植被覆盖的处理和无植被覆盖的处理之间差异则更大，如 75% 的处理截存有机碳、全氮、全磷速率分别达到 52.46 mg C/（m²·d）、4.25mg N/（m²·d）和 2.42mg P/（m²·d），分别是无植被覆盖处理的 8.48 倍、5.49 倍和 12.00 倍。与研究区对照的土壤样品相比，具有植被覆盖的处理所截存的沙尘具有更高的有机碳、全氮和全磷含量。截存的风蚀沙尘的输入可以增加研究区内土壤的有机碳、全氮及全磷含量。沙尘累积在 15% 植被覆盖处理处出现一个关键值，而对于养分累积，有机碳和全氮则在 35% 植被覆盖处理、全磷在 55% 植被覆盖处理处出现临界值。

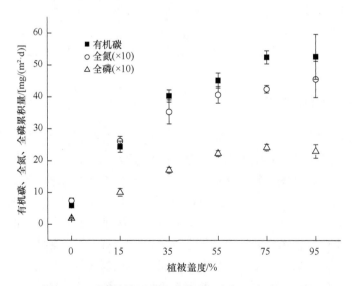

图 7-10　不同植被覆盖处有机碳、全氮和全磷累积量

大量研究已经评估了沙尘输入的养分富集作用（Larney et al.，1998；Leys and McTainsh，1994）。研究表明具有较高养分含量的细颗粒物质趋于在更高的位置传输，养分富集比是与风蚀强度、土壤质地和风蚀沙尘收集高度密切相关的。而且，养分富集比与土壤样品取样深度有关，因为土壤样品养分含量会随土层深度增加而急剧下降。在我们的研究中，截存沙尘养分含量是当地土壤养分含量的 2～4 倍。这与在西北干旱区相似的实验研究结果是一致的（Li et al.，2007），他们的研究表明，砾石覆盖所截获的沙尘养分含量是当地土壤养分含量的2～3 倍。这表明沙尘是干旱区养分输入的一个重要途径。在温带草原，地上生物量和活根中所累积的全氮和全磷分别为 8.8 g N/m^2 和 0.7 g P/m^2（Huang et al.，1996）。这些数值可以作为牧草季节氮和磷需求的保守估计值。根据我们的研究结果，通过沙尘输入每年可以截获全氮和全磷分别为 1.6 g N/m^2 和 0.9 g P/m^2。按速效氮和速效磷占全氮和全磷的 10%和 3%计算，每年通过沙尘累积可以获得 0.16 g N/m^2 和 0.03 g P/m^2，分别为牧草季节氮和磷需求的 2%和 4%。尽管在一年的尺度上截获沙尘养分对牧草季节需求贡献较小，但从长远看，沙尘累积过程仍然在土壤养分输入中扮演重要角色，这也使得通过截获沙尘而获得的氮、磷累积在十年或百年尺度上成为陆地生态系统重要的养分输入途径。

第三节　封育与放牧草地近地面风蚀沙尘沉降特征

研究样地位于内蒙古锡林河中游北岸二级台地上（43°26′～44°08′N，116°04′～117°05′E）。围栏（100m×100m）于 1989 年建立，由于濒临水源，过去几十年中家畜放牧极重，封围时该区的草地以冷蒿、星毛委陵菜、寸草薹和糙隐子草等为主，均为过度放牧退化草原的建群植物。围封后，围栏外仍继续放牧，采食率约为 60%。本研究选取了 1989 年围封草地（ER）及其围栏外持续放牧草地（GD）。

集尘设备采用高 0.5m、直径为 0.3m 的镀锌铁皮桶，在封育与放牧草地分别按桶口距地面高度 0.01m、0.05m、0.1m、0.2m、0.5m 和 1m 布置集尘桶。其中，距地面高度小于 0.5m 的设置通过将桶高出的部分埋置于地下，而 1m 高的设置通过钢筋架来实现。为避免集尘桶之间的相互影响，集尘桶排列方向与主风向垂直（图 7-11）。

在 2 个样地各取样点内随机选取 12 个 1m×1m 样方，采用目测法确定群落总盖度，用直尺测量每种植物的平均高度，将其地上活体部分齐地面刈割分种存放于塑封袋中，将其立枯与凋落物分别收集于塑封袋中，带回实验室分别称量其鲜重，然后在 65℃烘箱中烘干至恒重，称量其干重。

A   B

图 7-11　放牧草地（A）与封育草地（B）

采用环刀法，在 2 个样地各取样点内随机选取 12 个点分 4 层取样，在 105℃烘箱中烘干至恒重，称量其干重。采用土钻法，在 2 个样地每个取样点随机选取 12 个点分 4 层取样。将样品均匀混合并带回实验室阴干备用。采用日本产 SALD-3001 激光粒度分析仪进行土壤粒度分析，用重铬酸钾氧化-外加热法测定土壤有机碳含量，用半微量凯氏法测定土壤全氮含量，用酸溶-钼锑抗比色法测定土壤全磷含量。

一、封育与持续放牧草地植被及土壤状况

由表 7-7 可以看出，围封恢复的草地相对于持续放牧草地的地表植被特征发生了明显变化，其活体植株生物量、群落盖度和群落高度分别比持续放牧草地高出了 60%、56%和 92%。由于家畜的采食和践踏以及风蚀作用导致持续放牧草地地表凋落物和立枯量为 0，而在围封恢复的草地，由于多年的累积，其立枯与凋落物量分别达到 37.01g/m² 和 55.54g/m²。

表 7-7　围封与持续放牧草地地表植被状况

样地	活体植株/（g/m²）	立枯/（g/m²）	凋落/（g/m²）	盖度/%	高度/cm
ER	136.47±11.46a	37.01±5.36	55.54±7.31	56.43±2.10a	34.17±2.63a
GD	85.19±8.32b	0	0	36.25±3.37b	17.83±1.58b

注：数字后的不同字母表示样地之间差异显著（$P<0.05$）

长期围封后，土壤特征表现出明显的恢复（表 7-8）。围封草地相对于持续放牧草地表现为土壤黏粉粒含量显著增加，而砂粒含量显著减小（$P<0.05$），如在围封草地 0～10cm 土层的砂粒含量（均值）相对于持续放牧草地减少了 34.18%，而黏粒和粉粒含量分别增加了 617.1%和 394.7%，这主要是由于围封恢复了植被从而防止了土壤风蚀。从土壤容重看，围封草地表层（0～10cm）土壤容重显著低于持续放牧草地，比持续放牧草地降低了 10.60%。

表 7-8　围封与持续放牧下土壤理化特征

土层/cm	样地	土壤粒级分布/%			容重/（g/cm³）	有机碳/（g/kg）	全氮/（g/kg）	全磷/（g/kg）
		黏粒（<0.002mm）	粉粒（0.002~0.05mm）	砂粒（>0.05mm）				
0~10	ER	9.25±0.99a	29.73±1.20a	61.02±2.16b	1.35±0.02b	14.35±1.31a	1.34±0.06a	0.34±0.03a
	GD	1.29±0.19b	6.01±2.81b	92.71±2.71a	1.51±0.01a	5.05±0.48b	0.55±0.04b	0.15±0.01b
10~20	ER	4.91±1.86a	16.12±0.74a	78.96±1.80b	1.55±0.01a	6.79±0.58a	0.71±0.04a	0.20±0.02a
	GD	1.76±0.38a	7.03±2.91b	91.21±2.61a	1.58±0.02a	4.37±0.24b	0.50±0.04b	0.14±0.01a
20~30	ER	3.20±1.32a	17.43±1.21a	79.37±2.53b	1.64±0.03a	6.56±1.29a	0.66±0.14a	0.20±0.03a
	GD	1.07±0.03a	8.30±0.42b	90.64±0.44a	1.56±0.03a	3.77±0.17b	0.43±0.01a	0.12±0.01a
30~40	ER	1.28±0.10a	10.90±1.51a	87.82±1.60a	1.63±0.01a	4.77±0.24a	0.47±0.03a	0.19±0.05a
	GD	1.23±0.19a	8.14±1.84a	90.63±2.02a	1.63±0.01a	3.86±0.11b	0.41±0.01a	0.14±0.00a

注：数字后的不同字母表示样地之间差异显著（$P<0.05$）

围封草地各层土壤有机碳含量及表层土壤全氮、全磷含量相对于持续放牧草地都表现出显著增加，如在围封草地 0~10cm 土层土壤有机碳、全氮、全磷含量分别是持续放牧草地的 2.84 倍、2.44 倍和 2.27 倍。因此围封不仅使土壤物理性状得到明显改善，同时也显著增加了土壤养分含量。回归分析表明土壤有机碳、全氮、全磷含量与土壤砂粒含量呈显著的线性负相关，其线性拟合方程为

$$y_{soc} = 31.5842 - 0.3022x_{(sand)} \quad （P<0.0001，R=-0.9265，N=24） \quad （7\text{-}1）$$

$$y_{tn} = 2.8640 - 0.0266x_{(sand)} \quad （P<0.0001，R=-0.9331，N=24） \quad （7\text{-}2）$$

$$y_{tp} = 0.5121 - 0.0039x_{(sand)} \quad （P<0.0057，R=-0.5574，N=24） \quad （7\text{-}3）$$

从方程（7-1）、（7-2）和（7-3）可以得出，内蒙古典型草原区退化草原（冷蒿草原）土壤中砂粒含量每增加 1%，即土壤黏粉粒含量每被吹蚀 1%，土壤有机碳（soc）、全氮（tn）和全磷（tp）含量会分别降低 0.3022g/kg、0.0266g/kg 和 0.0039g/kg。因此持续放牧草地土壤养分含量的减少主要是由于其表层养分含量较高的细颗粒被吹蚀。

二、近地面风蚀沙尘沉降量

如图 7-12 所示，封育与放牧草地近地面都表现出明显的风沙活动特征，但二者风蚀强度存在明显差异。封育后，植被覆盖状况的改善，明显抑制了风蚀作用。研究结果表明，放牧草地在所测定的各高度上的风蚀沉降量均显著高于封育草地。放牧草地距地面 0.01m、0.05m、0.1m、0.2m、0.5m 和 1m 高处风蚀沉降量分别为 32.29g/（m²·d）、16.07g/（m²·d）、7.51g/（m²·d）、2.36g/（m²·d）、0.63g/（m²·d）、

和 0.31g/（m²·d），分别是封育草地的 5.74 倍、5.78 倍、3.94 倍、3.73 倍、2.35 倍和 2.02 倍。由此可以看出，下垫面对近地面 1m 高度内风蚀沙尘沉降量的影响随高度的增加而减小。封育和持续放牧草地近地面风蚀沉降量均随着距地面高度的增加呈幂函数减小的趋势。放牧草地风蚀沙尘沉降量由距地面 0.01m 高处的 32.29g/（m²·d）减少到距地面 1m 高处的 0.31g/（m²·d），而封育草地风蚀沙尘沉降量由距地面 0.01m 高处的 5.63g/（m²·d）减少到距地面 1m 高处的 0.15g/（m²·d）。

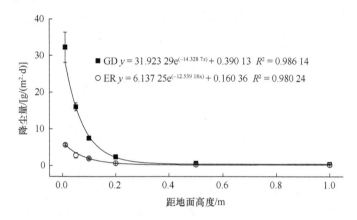

图 7-12　封育与放牧草地近地面风蚀沉降量垂直变化

三、沉降沙尘粒度特征

由图 7-13 可以看出，封育与放牧草地的风蚀沉降沙尘的粒级分布存在显著差异，封育草地上各高度风蚀沉降沙尘的砂粒含量明显低于放牧草地。而从两种类型样地的土壤粒度特征来看，封育草地土壤砂粒含量也明显低于放牧草地。这表明近地面风蚀沉降沙尘主要来源于附近地表。近地面风蚀沉积物受到下垫面土壤性状的显著影响。

在封育草地，1cm、5cm 和 10cm 高处风蚀沉降沙尘的粒度明显大于土壤表层粒度，这可能是由于埋置集尘桶时，少量深层土壤残留于地表。由此可以看出，20cm 以下 3 个高度的风蚀沉降沙尘主要是由于附近地表沙尘的蠕移和跃移。但这种影响在 20cm 以上高度处则很小。这进一步表明在封育草地，由于植被覆盖状况的改善，其地表较粗颗粒的沙尘较难扩散到 0.5m 以上的高度。而对于放牧草地来讲，近地面 1m 以下各高度沉降沙尘的粒级分布无显著差异，这表明自然风速条件下，对地表不同粒径沙尘在 1m 内不同高度的扩散没有明显的分选性。

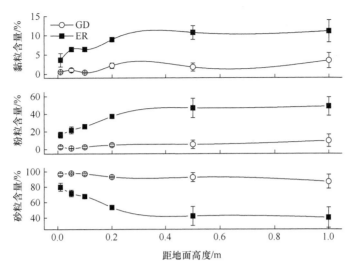

图 7-13　封育（ER）与放牧草地（GD）不同高度风蚀沉降物粒级分布

　　在半干旱草原区，植被覆盖对沙尘累积和养分累积都具有重要的作用。我们的研究表明具有两个不同的植被覆盖临界值。在植被覆盖度上适度的增加从 0% 到 15% 会使得沙尘累积从 1.2g/m² 显著增加到 2.0g/m²，然而植被覆盖从 55% 增加到 75% 时，其沙尘累积量从 2.4g/m² 仅增加到 2.5g/m²。而对于养分累积，有机碳和全氮累积的关键临界值出现在 35% 植被覆盖，而全磷累积的临界值在 35%～55% 植被覆盖。在没有植被覆盖的处理中截获的沙尘颗粒粒度显著高于具有植被覆盖的处理。这些研究结果表明，土地管理者可以根据不同的目标而制订不同的管理计划。如果土地管理者只希望有效控制和截获风蚀沙尘，15% 的植被盖度可以满足短期的截获和控制沙尘的目标。而从长期看，要保护和改善土壤条件，我们的研究表明至少需要 35% 的植被覆盖才可以有效地截获养分。

第八章　草原区降雨形成土壤结皮抗风蚀作用

物理结皮普遍存在于全球的许多干旱半干旱地区。降雨导致团聚体的破碎和黏粒的分散，随着土壤蒸发变干的过程形成土壤结皮（Feng et al.，2013b）。土壤物理结皮的形成可以改变土壤表面特征，因此土壤结皮在许多生态系统过程中扮演着重要角色。土壤结皮会减少水分入渗并增加地表径流进而会对农业生产产生不利影响，同时也能够通过覆盖减少孔隙度进而降低水分蒸发起到水土保持的作用。然而，对于干旱半干旱草原地区而言，由于在该区域风蚀较水蚀更为普遍，土壤结皮在保护土壤资源方面扮演着重要角色（Yan et al.，2013）。土壤结皮对土壤侵蚀的作用长期以来备受关注（Rajot et al.，2003）。

尽管一些研究已经报道了降雨特征对土壤结皮形成的作用，但是小降雨事件形成的土壤结皮对风蚀的作用在现有的风蚀模型中并没有考虑（Farres，1978；Morrison et al.，1985；Feng et al.，2013a；Feng et al.，2013b）。通常大于 10mm 的降雨量在模型中才会被考虑（Fryrear et al.，2000；Hagen et al.，1995）。鉴于缺少小降雨事件对土壤结皮形成的影响的相关研究，Feng 等（2013b）在哥伦比亚高原对 5 种类型土壤开展了相关研究，结果发现土壤结皮厚度和强度都随着降雨量的增加而增加，而相同的降雨量下不同土壤结皮厚度没有显著差异，不同类型土壤结皮强度存在差异，并且土壤结皮强度随着土壤黏粉粒含量的增加而呈增加趋势。尽管这些研究结果提供了较为详细的关于土壤结皮厚度/强度与降雨量之间的关系，但没有进一步进行土壤结皮抗风蚀作用的测定。

降雨后松散土壤表面易形成结皮，由于结皮表面完全不同于松散的土壤表面特征，土壤结皮的形成会直接影响土壤对风蚀的敏感性。土壤结皮是通过土壤颗粒形成网络连接，细颗粒填充土壤孔隙形成块状结构使土壤变得更紧实，具有更高的机械稳定性，这样就减少或者消除了松散的可蚀的土壤物质（Chepil，1958；Feng et al.，2013a，2013b）。这些结皮会通过覆盖地表进而保护结皮以下的松散土壤，进一步减少土壤对风蚀的敏感性（Zobeck，1991；Chepil，1958）。而这一过程对于缺少足够的植被覆盖的干旱半干旱区具有尤其重要的作用。诸多有关土壤结皮干扰破坏增加沙尘释放的研究表明土壤结皮可以增加土壤的抗蚀性（Belnap and Gillette，1997；Baddock et al.，2011），Zobeck（1991）研究发现，在变化的磨蚀条件下，黏土和壤土形成的土壤结皮较沙壤土形成的土壤结皮更具抗蚀性。尽管过去开展了大量关于土壤结皮的抗蚀性的定量实验，但是这些研究主要是基于足够的降雨量条件（大于 10mm 降雨量）下开展的土壤结皮对磨蚀的作用实验。这些结果不包括由小降雨事件形成的土壤结皮抗风蚀作用的定量评估。而前期研究发现小的降雨事件对土壤可蚀性也具有显著的影响（Yan et al.，2013）。因此，在诸多干旱半干旱地区开展小降雨事件对土壤结皮形成的影响研究具有重要的作用。

土壤风蚀通常发生在干旱半干旱地区，这些地区植被覆盖稀疏，不能有效保护土壤（Webb et al.，2012）。在过去的几十年里，风蚀被认为是中国北方草原区土壤退化的主要成因（闫玉春等，2010）。相关研究主要集中在如何通过改变土地利用方式和植被覆盖来防止侵蚀（Hoffmann et al.，2008；Yan et al.，2013）。然而，关于降雨形成的土壤结皮对风蚀影响方面的试验研究较为缺乏。本试验的目的如下：①研究降雨量对土壤结皮厚度的影响；②研究土壤结皮对风蚀的影响；③确定可以有效抵御风蚀的土壤结皮水平（不同降雨量形成的结皮）；④评估不同利用方式下的土壤在不同降雨量下形成的结皮对风蚀的响应。

试验地点位于内蒙古自治区锡林郭勒草原的白音锡勒牧场（43°26′N，116°04′E）。2013 年 5 月，对 4 种不同利用方式的土壤进行取样，样地类型如下：①Y79 为 1979 年围封的样地，植被盖度 70%以上，代表内蒙古草原原始状态下的顶级群落，植被类型为大针茅、羊草群落。②T83 为 1983 年围封的样地，植被和土壤恢复良好，主要植被类型与 Y79 相似。③TW 为持续放牧样地，放牧强度大于 2 只羊/hm^2，过度放牧使得该地区退化为以冷蒿为主的群落，植被盖度低于30%，群落高度低于 5cm。④CL 为开垦样地，开垦了 30 年的耕地，主要作物为小麦和荞麦，收割后留茬，风蚀严重。

每个样地采集地表 5cm 的土壤，风干后带回实验室进行筛分，去除大于 2mm的根系和碎屑，将预处理的样品分成 15 份（3 个重复×5 个处理），每份 600g，用于模拟不同降雨量对土壤结皮形成的影响实验及接下来的抗风蚀实验。将土壤样品置于 20cm×20cm×3cm 的托盘中并称重，使用纯净水模拟轻度降雨，用 50ml 的喷雾瓶轻轻喷洒到处理过的土壤表面。纯净水的电导率为 3μs/cm，模拟降雨量为3mm/h，模拟降雨量除以喷洒时间，得出 20min 内施加 1mm 的模拟降雨量。由于使用的喷雾瓶较小，且水量少，喷雾过程容易控制，喷洒时，喷雾瓶出口位于托盘的正上方，以免喷洒在托盘外面。由于水以雾的形式喷洒在土壤表面上，因此难以确定液滴的大小，虽然模拟降雨和自然降雨之间不可避免地会产生差异，但是这种方法可以准确控制模拟降雨。水量及其等效降雨量（以毫米为单位）可以根据托盘尺寸和所需降雨量计算获得，如 4ml 纯净水相当于 0.1mm 降雨量。每个土壤样品设置 5 个降雨量，分别为 0.0mm、0.2mm、0.5mm、0.8mm 和 1.2mm。每个处理设置 3 个重复。模拟降雨后，将所有的托盘土壤风干至恒重，风干的土壤含水量约为 1.5%，可以观察到托盘中的土壤结皮。共制作了 60 个托盘的土壤样品（包括 4 种土壤类型），用于研究不同物理结皮的抗风蚀作用，试验区选择在一个 24hm² 的无放牧草原区，地形平坦，植被覆盖相对均匀（群落盖度大于80%，群落高度为20cm）。该区域地表条件相对均匀，几乎没有原地起沙现象，将托盘安装在离地 1m 高的支架上，尽量减少来自地面的风蚀沉积物的影响，这样可以准确计算出不同处理下的土壤损失量。离地 1m 处的风速要高于地表的风速，因此离地 1m 处的风蚀速度比地表快。不同高度的风速可以根据风速廓线计算获得。

将 60 个托盘分为 3 组作为重复（4 个土壤×5 个模拟降雨处理），每组中的托盘以 2m 为间隔进行随机排列，且与主风向垂直。为了评估地表侵蚀对风吹沉积物造成的潜在影响，每组在托盘下风向 30m 处安装一个集尘器（Goossens and Offer，2000）收集风吹沉积物。另外，在通风良好的房间放置 3 个托盘的土壤样品，用来测定水分蒸发对土壤重量的影响，试验期间（142min）土壤质量的变化在 0.3g 以内，即总质量的 0.05%以下。因此，本研究中水蒸气对土壤重量的影响不大。使用 FC-2 风速仪同步测定离地 1m 的风速。

野外风吹试验于 2013 年 6 月 5 日进行，风蚀处理时间为 142min，即吹蚀过程中当非降雨处理中托盘底部开始露出的时间。在此期间，我们认为不同处理方式下托盘中的土壤接受风蚀面积无差异。风蚀后，称量各托盘的重量，计算各处理的土壤损失比。使用公式（8-1）计算土壤损失比（SLR）。

$$\text{SLR}(\%) = \frac{\text{MOS} - \text{MRS}}{\text{MOS}} \times 100 \qquad (8\text{-}1)$$

式中，MOS 为托盘中土壤样品的质量（600g）；MRS 为侵蚀后托盘中残留的土壤质量。

第一节 不同降雨量形成土壤结皮特征

一、原始土壤属性和土壤结皮厚度

4 种类型的原始土壤主要粒径分布和养分含量如表 8-1 所示，虽然这些土壤具有不同的粒径组成特征，但它在 USDA 系统中均被归为沙质土壤。Y79 和 T83 的土壤粒度分布没有显著差异（$P > 0.05$）。CL 中的黏粒和砂粒含量最高，粉粒含量最低（$P < 0.05$）。Y79 中的土壤有机碳和养分含量最高，其次是 T83、TW 和 CL（$P < 0.05$）。

各处理中土壤结皮厚度随着模拟降雨量的增加呈线性增加趋势（表 8-2），CL 中的土壤结皮厚度最大（$P < 0.05$），其次为 TW、T83 和 Y79。从图 8-1 也可以看出，土壤结皮厚度（Y_{ct}，mm）随着模拟降雨量的增加呈正线性增加的趋势。

$$Y_{ct}(\text{Y79}) = 5.48X_r, \quad (R^2 = 0.993, \ P < 0.0001, \ n = 5),$$
$$Y_{ct}(\text{T83}) = 5.63X_r, \quad (R^2 = 0.976, \ P < 0.0001, \ n = 5),$$

$$Y_{ct}（TW）=5.92X_r，　（R^2=0.999，P<0.0001，n=5），$$
$$Y_{ct}（CL）=6.45X_r，　（R^2=0.996，P<0.0001，n=5），$$

式中，X_r 为模拟降雨量（mm），以上公式是 0～1.2mm 降雨量范围的模拟结果。

表 8-1　四个样地中表层 5cm 土壤的粒径和化学属性

样地	土壤有机碳/ (g/kg)	全氮/ (g/kg)	全磷/ (g/kg)	速效氮/ (mg/kg)	土壤粒径分布/%		
					黏粒 (<0.002 mm)	粉粒 (0.002～0.05 mm)	砂粒 (>0.05 mm)
Y79	21.96a	2.12a	0.39a	187.64a	2.30b	40.60a	57.10c
T83	16.31b	1.61b	0.34b	143.23b	2.31b	39.09ab	58.59bc
TW	11.63c	1.21c	0.28c	118.94c	2.44b	38.14b	59.42b
CL	6.01d	0.61d	0.22d	59.95d	3.36a	28.00c	68.64a

注：每列数字后不同字母表示处理间差异显著（$P<0.05$）

表 8-2　不同模拟降雨量下四种土壤类型的结皮厚度　（单位：mm）

样地	降雨量			
	0.2mm	0.5mm	0.8mm	1.2mm
Y79	1.1b	2.5b	3.9c	6.8b
T83	1.1b	2.8ab	4.0c	7.1ab
TW	1.1ab	2.9ab	4.8b	7.3a
CL	1.3a	3.4a	5.4a	7.5a
平均值	1.1	2.9	4.5	7.2

注：无降雨处理下无土壤结皮，每列数字后不同字母表示处理间差异显著（$P<0.05$）

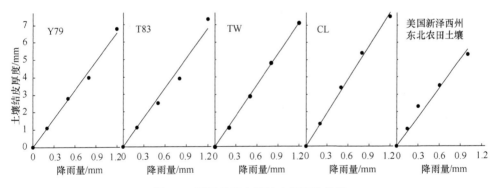

图 8-1　降雨量和土壤结皮厚度的关系

二、试验期间的风速条件

试验期间的风速动态如图 8-2 所示，试验期间的主风向为西北风（260°～291°）。当风速达到 5m/s 时，目测观察到土壤流失，因此，将 5m/s 设置为土壤侵蚀的起动风速（Gillette et al.，1980）。在整个试验中，大于起动风速的时间为 42min，最大风速为 8.2m/s。

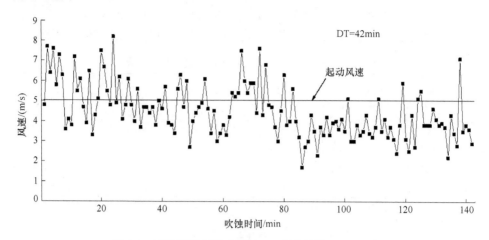

图 8-2　试验期间样地中离地 1m 高度处的 1min 风速

DT 为起动风速以上的持续时间

三、模拟降雨和土壤属性对土壤结皮厚度的影响

前人的研究表明，累积降雨量是影响土壤结皮形成的主要因素（Feng et al.，2013b）。本研究选择 4 种具有不同有机碳和养分含量的土壤类型，代表了内蒙古典型草原主要的土地利用类型，开展轻度降雨量对土壤结皮形成和土壤流失的影响。研究结果表明，在降雨量小于 1.2mm 的情况下，4 种土壤类型中，土壤结皮厚度随着模拟降雨量的增加呈线性增加趋势，而以前的研究表明，在降雨量 0~10mm，二者呈对数关系。对数关系意味着，降雨量在较小范围时，结皮厚度随降雨量增加较快，当降雨量达到一定程度时，结皮厚度则不再增加（Feng et al.，2013b）。1.2mm以下的轻度降雨量代表研究区域的实际情况，我们得出的简单的线性关系可能更适合这个降雨范围，实际上，Feng 等（2013b）的研究数据也适合 1mm 以下降雨量的线性关系，尽管他们使用了对数关系，具有相对更好的拟合性。

土壤物理结皮的形成还受土壤质地的影响，结构和团聚体稳定性差，有机物质含量低，粉粒含量高且含盐量高的土壤易形成物理结皮（Belnap，2001）。CL中的土壤结皮厚度略高于其他 3 种土壤，即更容易形成结皮。然而，其粉粒和黏粒含量在这些土壤样品中是最低的。尽管如此，其粉粒和黏粒的含量仍占到了31%，我们认为这个含量水平对于形成土壤结皮来说已经足够了。此外，Feng 等（2013b）的研究表明，粉壤土中粉粒和黏粒的总含量为 87.3%，降雨量从 0.15mm增加到 1.0mm 时，土壤结皮厚度从 0.8mm 增加到 5.0mm。与我们的研究结果相比，土壤结皮厚度变化较小。Feng 等（2013b）的研究中，土壤中粉粒加黏粒的含量比本研究中高很多，因此本研究中土壤黏粒加粉粒的含量不是影响土壤结皮厚度的主要因素。据报道，有机质分解或分解后的产物会降低土壤块状结构，使其可蚀性增加（Chepil，1954）。因此 CL 土壤类型中的有机碳含量较低是其土壤结皮发育较厚的主要原因。

第二节　不同土壤结皮水平的抗风蚀作用

一、风蚀后不同土壤结皮厚度下的土壤损失比

试验结束后收集到的沉积物小于 0.03g，仅占托盘中土壤重量的 0.005%，因此，本试验中沉积物对土壤样品的影响不显著。各样品中的土壤损失比随降雨量的变化而变化，4 种土壤中，非降雨处理和 0.2mm 降雨处理的土壤有显著的风蚀，而大于 0.5mm 的降雨处理仅观察到轻微的土壤损失（图 8-3A）。以 Y79 为例，风蚀处理后，非降雨处理和 0.2mm 降雨处理下的土壤损失比分别为 33%和 28%，实际土壤损失量分别为 4.95kg/m^2 和 4.2kg/m^2。二者之间的土壤损失量无显著差异（$P>0.05$），但均显著高于大于 0.5mm 降雨处理中的土壤损失量（$P<0.05$）。4 种土壤中，非降水处理和 0.2mm 降水处理下的土壤损失比差

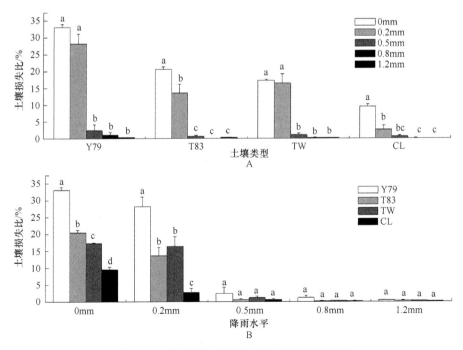

图 8-3　4 种土壤在不同降雨量下的土壤损失比

异显著（$P<0.05$）（图 8-3B）。非降水处理和 0.2mm 降水处理下，Y79 的土壤损失比最高，CL 的土壤损失比最低，相比之下，大于 0.5mm 降水处理中，4 种土壤的损失比无显著差异（$P>0.05$）。

分析土壤损失比与土壤质地之间的关系，结果表明，非降水处理和 0.2mm 降水处理下，随着粉粒和黏粒含量的增加，土壤损失比呈增加趋势（图 8-4A）。同样，随着土壤有机碳的增加，土壤损失比也增加（图 8-4B）。

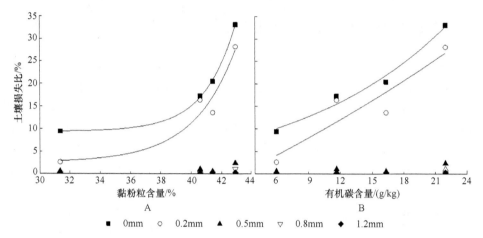

图 8-4 土壤损失比与土壤有机碳和黏粒、粉粒总含量（粒径小于 0.05mm）之间的关系

二、土壤结皮对土壤损失比的影响

降雨（尤其小降雨事件）形成的土壤结皮对风蚀的影响鲜有报道，以前的研究主要集中于强降雨形成的土壤结皮以及土壤结皮对磨蚀通量的影响（Chepil，1953b，1958；Zebeck，1991）。土壤结皮的侵蚀速度为新开垦耕地的 4%~40%（Chepil，1953b，1954，1955）。Zobeck（1991）研究了模拟降雨总量为 32mm 时形成的土壤结皮对 13 种矿物质土壤的抗磨蚀性，结果发现形成土壤结皮的土壤损失比是松散土壤损失比的 0.02%~9.8%，然而这些研究并没有涉及小降雨事件下形成的土壤结皮对风蚀的影响。

结皮对土壤损失的影响与结皮的穿透阻力密切相关。有研究发现，结皮厚度与穿透阻力呈正相关关系（Feng et al.，2013b）。本试验的研究结果证实，与原始的松散土壤相比，0.2mm 降雨形成的结皮对土壤损失的影响不大，而大于 0.5mm 降雨量下形成的土壤结皮显著提高了土壤的抗蚀性（$P<0.05$）。

通过对比原始松散土壤（非降雨处理）和不同降雨处理下形成的土壤结皮的土壤损失量发现，不同降雨处理下的土壤表现出不同程度的抗侵蚀性。例如，在 Y79 中，与非降雨处理相比，降雨量为 0.2mm、0.5mm、0.8mm 和 1.2mm 时形成的土壤结皮，其土壤损失量分别下降了 14.8%、92.6%、96.6%和 99.0%。降雨量大于 0.5mm 形成的土壤结皮对抗风蚀性具有重要影响。需要指出的是，本节中降雨形成的土壤结皮及其抗风蚀性是在有限的风蚀范围内得出的结论，如果风蚀的时间足够长，所有的结皮最终都会被破坏，因此，需要进一步研究确定降雨形成的土壤结皮能维持多长时间。

本试验中采用新的方法模拟了 0.0mm、0.2mm、0.5mm、0.8mm 和 1.2mm 的小降雨事件对土壤结皮及其风蚀的影响。通过该研究方法和试验设计，可以观察到风对土壤的运移过程，并能定量计算土壤损失量。结果表明，内蒙古半干旱草原地区的土壤结皮厚度随着降雨量的增加呈线性增加趋势。下一步的研究将涉及不同的土壤类型和更大的降雨量，如果也存在类似的关系，那么这种简单的回归函数可以用于风蚀预测模型中，142min 的风蚀试验结果显示，0.2mm 降雨量下形成的脆弱的土壤结皮对风蚀只有轻微的抵抗力。这种比较薄的土壤结皮（1.1mm）不足以抵抗风的剪切力。当降雨量达到 0.5mm 时，土壤结皮厚度大于 2.5mm，几乎完全阻止了风蚀的发生。因此，在风蚀模型预测时，尤其是在干旱地区，应当考虑小降雨事件（0.5～1.2mm 降雨）的影响。

本研究还表明，土壤性质能对风蚀产生显著影响。自然条件下的土壤和本试验中的松散土壤对风蚀的响应不同。自然条件下，Y79 和 T83 土壤的风蚀速率低于 TW 和 CL，即细颗粒和有机碳比例较低的土壤在自然条件下更容易被侵蚀。

本试验中，由于托盘尺寸小，不足以发生跃移和磨蚀，下一步的研究工作将考虑抗磨蚀性。此外，3cm 深的托盘不可避免地会产生一些风的偏转和湍流现象，因此，我们的试验中的土壤损失未包含低于 3cm 高度的跃移颗粒。由于所有这些影响在各处理中都是相同的（Yan et al.，2013），因此，这不影响我们对不同实验处理的抗风蚀作用的直接比较。

第三节　不同利用方式下土壤对风蚀的响应

不合理的土地利用方式，如开垦和过度放牧，通过破坏自然植被和土壤状况，对风蚀产生显著影响，而风蚀会对土壤有机碳和养分产生影响（Yan et al.，2010）。一系列研究表明风蚀对土壤细颗粒和有机碳产生影响，普遍认为，细土壤颗粒优先被风蚀，因为细颗粒中含有大量的有机碳和养分。还有研究表明排放的粉尘中富含大量的有机碳（Gooseens，2004；Webb et al.，2012，2013；Chappell et al.，2013）。各种土壤类型中 2m 处的粉尘有机碳富集比可达到 2.1～41.9（Webb et al.，2012，2013；Chappell et al.，2013），这意味着含有大量细颗粒和有机碳的土壤可能更易被侵蚀。

关于风蚀对土壤性质（细颗粒和有机碳）影响的研究报道很多，但是对于土壤中的细颗粒和有机碳的比例对风蚀的影响的研究较少，尤其很少研究分析这种影响在不同利用方式土壤在自然条件和经过处理的松散条件下的异同。本研究中使用的原始土壤是从各种土地利用类型中收集获得，这些地区具有不同的植被盖度，由于土地利用方式不同，土壤中的细颗粒（粉粒和黏粒）和有机碳含量也不同。Y79 的全年植被覆盖率高于 70%，土壤有机碳含量最高，而由于作物收割，开垦样地 CL 的植被覆盖度最低，松散的土壤暴露于大风季节易于风蚀，其土壤有机碳含量最低。在自然条件下，Y79 和 T83 由于植被覆盖度较高，且土壤团聚体含量高，其风蚀程度低于 TW 和 CL（闫玉春等，2010）。许中旗等（2005）的研究也得出了类似的结论，认为放牧草地和农田的风蚀率分别比长期围封的草地高 11.5 倍和 91.8 倍。Webb 等（2013）的研究显示，细颗粒和有机碳含量较少的沙质土壤比含有较多粉粒、黏粒和有机碳的土壤更容易释放粉尘和有机碳。因此，在自然条件下，细颗粒和有机碳含量较低的土壤通常更容易被侵蚀，因为有机碳含量高的土壤伴随着高的植被覆盖和团聚体含量，而有机碳含量低的土壤伴随着较低的植被盖度和更多松散的土壤。

当土壤经过处理后，如本研究中风干和筛分已去除根系和大于 2mm 的碎屑，植被盖度和土壤团聚体大小等环境因子的影响被去除，抗风蚀性就主要取决于土壤颗粒本身。我们的研究结果表明，在无降雨处理和 0.2mm 降雨处理下，土壤损失比随着细颗粒和有机碳比例的增加而增加。即 Y79 的土壤可蚀性最强，而 CL 的土壤最不易被侵蚀（图 8-4）。细颗粒和有机碳含量较高的松散土壤更容易被侵蚀，也就是说，未放牧的草地（如 Y79）植被盖度和土壤结构一旦被干扰破坏，土壤将面临更高的侵蚀风险，土壤有机碳将不可避免地被消耗。

参 考 文 献

白永飞, 许志信, 李德新. 2002. 内蒙古高原针茅草原群落土壤水分和碳、氮分布的小尺度空间
    异质性. 生态学报, 22(8): 1209-1217.

宝音陶格涛, 陈敏. 1997. 退化草原封育改良过程中植物种的多样性变化的研究. 内蒙古大学学
    报(自然科学版), 28(1): 87-91.

鲍士旦. 2000. 土壤农化分析. 北京: 中国农业出版社: 56, 71-78.

曹子龙, 郑翠玲, 赵廷宁. 2006. 围封草地"种子岛"效应对周围沙化草地土壤种子库的影响. 水
    土保持学报, 20(3): 197-200.

陈佐忠, 黄德华, 张鸿芳. 1983. 羊草草原和大针茅草原氮素贮量及其分配. 植物生态学与地植
    物学丛刊, 7(2): 143-151.

陈佐忠, 江凤. 2003. 草地退化的治理. 中国减灾, 3: 45-46.

陈佐忠. 2000. 中国典型草原生态系统. 北京: 科学出版社: 307-315.

陈佐忠. 2001. 沙尘暴的发生与草地生态治理. 中国草地, 23(3): 73-74.

陈佐忠. 2003. 内蒙古草原生态系统退化与围封转移. 曾经草原——内蒙古旅游文化节系列
    讲座.

成天涛, 吕达仁, 徐永福. 2006. 浑善达克沙地起沙率和起沙量的估计. 高原气象, 25(2):
    236-241.

程积民, 邹厚远. 1995. 黄土高原草地合理利用与草地植被演替过程的试验研究. 草业学报, 4(4):
    17-22.

程积民, 邹厚远. 1998. 封育刈割放牧对草地植被的影响. 水土保持研究, 5(1): 36-54.

董治宝, 陈渭南, 董光荣, 等. 1996. 植被对风沙土风蚀作用的影响. 环境科学学报, 16(4):
    437-443.

董治宝, 李振山. 1998. 风成沙粒度特征对其风蚀可蚀性的影响. 土壤侵蚀与水土保持学报, 4(4):
    1-12.

杜晓军. 2003. 生态系统退化程度诊断: 生态恢复的基础与前提. 植物生态学报, 27(5): 700-708.

冯秀, 仝川, 张鲁, 等. 2006. 内蒙古白音锡勒牧场区域尺度草地退化现状评价. 自然资源学报,
    21(4): 575-583.

高英志, 韩兴国, 汪诗平. 2004. 放牧对草原土壤的影响. 生态学报, 24(4): 790-797.

关世英, 常金宝. 1997. 草原暗栗钙土退化过程中的土壤性状及其变化规律的研究. 中国草地, 3:
    39-43.

何婕平. 1994. 主成分分析在研究草原土壤养分评价中的应用. 内蒙古林学院学报, 16(2): 52-57.

侯扶江, 杨中艺. 2006. 放牧对草地的作用. 生态学报, 26(1): 244-264.

黄富祥, 牛海山, 王明星, 等. 2001. 毛乌素沙地植被覆盖率与风蚀输沙率定量关系. 地理学报,
    56(6): 700-710.

黄文秀. 1991. 西南牧业资源开发与基地建设. 北京: 科学出版社.

惠特克. 1986. 植物群落排序. 王伯荪译. 北京: 科学出版社: 42-44.

贾树海. 1997. 草原退化及恢复改良过程中的土壤性质及其调控. 见: 中国科学院内蒙古草原生
    态系统定位研究站. 草原生态系统(第五集). 北京: 科学出版社.

姜恕. 2003. 关于开发中国西部地区退耕还林还草的建议. 草地学报: 11(1): 10-14.

李博, 杨持. 1995. 草地生物多样性保护研究. 呼和浩特: 内蒙古大学出版社: 70-78.

李博. 1990. 内蒙古鄂尔多斯高原自然资源与环境研究. 北京: 科学出版社: 199-202.

李博. 1997. 中国北方草地退化及其防治对策. 中国农业科学, 30(6): 1-9.

李锋瑞, 赵丽娅, 王树芳. 2003. 封育对退化沙质草地土壤种子库与地上群落结构的影响. 草业学报, 2(4): 90-99.

李建龙, 赵万羽, 徐胜, 等. 2004. 草业生态工程技术. 北京: 化学工业出版社: 49-50.

李金花, 李镇清, 任继周. 2002. 放牧对草原植物的影响. 草业学报, 11(1): 4-11.

李凌浩. 1998. 土地利用变化对草原生态系统土壤碳贮量的影响. 植物生态学报, 22(4): 300-302.

李凌浩, 刘先华, 陈佐忠. 1998. 内蒙古锡林河流域羊草草原生态系统碳素循环研究. 植物学报, 40(10): 955-961.

李绍良, 陈有君, 关世英, 等. 2002. 土壤退化与草地退化关系的研究. 干旱区资源与环境, 16(1): 92-95.

李绍良, 贾树海, 陈有君. 1997a. 内蒙古草原土壤的退化过程及自然保护区在退化土壤的恢复与重建中的作用. 内蒙古环境保护, 9(1): 17-18, 26.

李绍良, 贾树海, 陈有君, 等. 1997b. 内蒙古草原土壤退化进程及其评价指标的研究. 土壤通报, 28(6): 241-243.

李文建. 1999. 放牧优化假说研究述评. 中国草地, 4: 61-66.

李永宏, 陈佐忠. 1995. 中国温带草原生态系统的退化与恢复重建. 见: 陈灵芝, 陈伟烈. 中国退化生态系统研究. 北京: 中国科学技术出版社: 186-194.

李永宏, 汪诗平. 1999. 放牧对草原植物的影响. 中国草地, 3: 11-19.

李永宏. 1993. 放牧影响下羊草草原和大针茅草原植物多样性的变化. 植物学报, 35(11): 877-884.

李永宏. 1994. 内蒙古草原草场放牧退化模式研究及退化监测专家系统雏议. 植物生态学报, 1: 68-79.

李永宏. 1995. 内蒙古典型草原地带退化草原的恢复动态. 生物多样性, 3(3): 125-130.

刘东升. 1985. 黄土与环境. 北京: 科学出版社.

刘建军, 浦野忠朗, 鞠子茂, 等. 2005. 放牧对草原生态系统地下生产力及生物量的影响. 西北植物学报, 25(1): 0088-0093.

刘伟, 周华坤, 周立. 2005. 不同程度退化草地生物量的分布模式. 中国草地, 27(2): 9-15.

刘钟龄. 2002. 内蒙古草原退化与恢复演替机理的探讨. 干旱区资源与环境, 16(1): 84-90.

吕世海. 2005. 呼伦贝尔沙化草地系统退化特征及围封效应研究. 北京林业大学博士学位论文: 98-103.

马梅, 乔光华, 周杰, 等. 2015. 牧区羊年末存栏规模的影响因素分析. 农林经济管理学报, 14(5): 500-507.

马世威, 马玉明, 姚洪林, 等. 1998. 沙漠学. 呼和浩特: 内蒙古人民出版社.

慕青松, 陈晓辉. 2007. 临界侵蚀风速与植被盖度之间的关系. 中国沙漠, 27 (4): 534-538.

邱新法, 曾燕, 缪启龙. 2001. 我国沙尘暴的时空分布规律及其源地和移动路径. 地理学报, 56(3): 316-322.

全浩. 1993. 关于中国西北地区沙尘暴及其黄沙气溶胶高空传输路线的探讨. 环境科学, 14(5): 60-64.

任海, 彭少麟. 2001. 恢复生态学导论. 北京: 科学出版社: 30-31.

戎郁萍, 赵萌莉, 韩国栋. 2004. 草地资源可持续利用原理与技术. 北京: 化学工业出版社.

苏永中, 赵哈林. 2003a. 持续放牧和围封对科尔沁退化沙地草地碳截存的影响. 环境科学, 24(4): 23-28.

苏永中, 赵哈林. 2003b. 农田沙漠化过程中土壤有机碳和氮的衰减及其机理研究. 中国农业科学, 36(8): 928-934.

苏永中, 赵哈林, 文海燕. 2002. 退化沙质草地开垦和封育对土壤理化性状的影响. 水土保持学报, 16(4): 5-8.

孙海群, 周禾, 王培. 1999. 草地退化演替研究进展. 中国草地, (1): 51-56.

孙祥. 1991. 干旱区草场经营学. 北京: 中国林业出版社.

仝川, 杨景荣, 雍伟义, 等. 2002. 锡林河流域草原植被退化空间格局分析. 自然资源学报, 17(5): 571-578.

汪诗平, 李永宏, 王艳芬, 等. 1998. 不同放牧率下冷蒿小禾草草原放牧演替规律与数量分析. 草地学报, 6: 299-305.

汪诗平, 李永宏, 王艳芬, 等. 2001. 不同放牧率对内蒙古冷蒿草原植物多样性的影响. 植物学报, 43(1): 89-96

王德利, 杨利民. 2004. 草地生态系统与管理利用. 北京: 化学工业出版社: 312-316.

王仁忠, 李建东. 1991. 采用系统聚类法对羊草草地放牧演替阶段的划分. 生态学报, 11(4): 672371.

王式功, 董光荣, 杨德保, 等. 1996. 中国北方地区沙尘暴变化趋势初探. 自然灾害学报, 5(2): 86-94.

王炜, 刘钟龄, 郝敦元, 等. 1996a. 内蒙古草原退化群落恢复演替的研究: I. 退化草原的基本特征与恢复演替动力. 植物生态学报, 20: 449-460.

王炜, 刘钟龄, 郝敦元, 等. 1996b. 内蒙古草原退化群落恢复演替的研究: II. 恢复演替时间进程的分析. 植物生态学报, 20: 460-471.

王炜, 刘钟龄, 郝敦元. 1997. 内蒙古退化草原植被对禁牧的动态响应. 气候与环境研究, 2(3): 236-240.

王艳芬, 陈佐忠, 黄德华. 2000. 锡林河流域灰尘自然沉降量初报. 植物生态学报, 24(4): 459-462.

文海燕, 赵哈林, 傅华. 2005. 开垦和封育年限对退化沙质草地土壤性状的影响. 草业学报, 14(1): 31-37.

沃科特 K A, 戈尔登 J C. 2002. 生态系统——平衡与管理的科学. 欧阳华, 王政权, 王群力, 等译. 北京: 科学出版社: 50-51.

徐国昌, 陈敏连, 吴国雄. 1979. 甘肃省 "4. 22" 特大沙尘暴分析. 气象学报, 37(4): 26-35.

许志信, 赵萌莉, 韩国栋. 2000. 内蒙古的生态环境退化及其防治对策. 中国草地, 5: 59-63.

许中旗, 李文华, 闵庆文, 等. 2005. 典型草原抗风蚀能力的实验研究. 环境科学, 26(5): 164-168.

闫玉春. 2008. 放牧、开垦与围封下内蒙古典型草原的退化与恢复及碳截存动态. 北京师范大学博士学位论文: 49-61.

闫玉春, 唐海萍. 2007. 围栏禁牧对内蒙古典型草原群落特征的影响. 西北植物学报, 27(6): 1225-1232.

闫玉春, 唐海萍, 张新时. 2007. 草地退化程度诊断系列问题探讨及研究展望. 中国草地学报, 29(3): 90-97.

闫玉春, 唐海萍. 2008a. 草地退化相关概念辨析. 草业学报, 17(1): 93-99.

闫玉春, 唐海萍. 2008b. 围封下内蒙古典型草原区退化草原群落的恢复及其对碳截存的贡献. 自然科学进展, 18(5): 546-551.

闫玉春, 唐海萍, 张新时, 等. 2010. 基于土壤粒度变化分析的草原风蚀特征探讨. 中国沙漠, 30(6): 1263-1268.

闫玉春, 王旭, 杨桂霞, 等. 2011. 退化草地封育后土壤细颗粒增加机理的探讨及研究展望. 中国沙漠, 31(5): 1162-1166.

杨利民. 1996. 松嫩平原主要草地群落放牧退化演替阶段的划分. 生态学报, 11(4): 367-371.

杨晓辉, 张克斌, 侯瑞萍. 2005. 封育措施对半干旱沙地草场植被群落特征及地上生物量的影响. 生态环境, 14(5): 730-734.

詹学明, 李凌浩, 李鑫, 等. 2005. 放牧和围封条件下克氏针茅草原土壤种子库的比较. 植物生态学报, 29(5): 747-752.

张华, 伏乾科, 李锋瑞. 2003. 退化沙质草地自然恢复过程中土壤-植物系统的变化特征. 水土保持通报, 23(6): 1-6.

张建, 马福年, 游直方. 1988. 风蚀是草原诸灾之首. 内蒙古草业, (3): 22-25.

张金屯. 2001. 山西高原草地退化及其防治对策. 水土保持学报, 15(2): 49-52.

张荣, 杜国祯. 1998. 放牧草地群落的冗余与补偿. 草业学报, 7(4): 13-19.

赵钢, 崔泽仁. 1999. 家畜的选择性采食对草地植物的反应. 中国草地, 1: 62-67.

赵哈林, 赵学勇, 张铜会. 2000. 我国北方农牧交错带沙漠化的成因、过程和防治对策. 中国沙漠, 20: 22-28.

赵文智, 白四明. 2001. 科尔沁沙地围封草地种子库特征. 中国沙漠, 21(2): 204-208.

赵兴梁. 1993. 甘肃特大沙尘暴的危害与对策. 中国沙漠, 13(3): 1-7.

郑翠玲, 曹子龙, 王贤, 等. 2005. 围栏封育在呼伦贝尔沙化草地植被恢复中的作用. 中国水土保持科学, 3(3): 78-81.

中华人民共和国农业部畜牧兽医司, 全国畜牧兽医总站. 1996. 中国草地资源. 北京: 中国科学技术出版社: 188-190.

周华坤, 赵新全, 周立, 等. 2005. 青藏高原高寒草甸的植被退化与土壤退化特征研究. 草业学报, 14(3): 31-40.

周华坤, 周立, 刘伟, 等. 2003. 封育措施对退化与未退化矮嵩草草甸的影响. 中国草地, 25(5): 15-22.

Ackson R B, Caldwell M M. 1993. Geostatistical patterns of soil heterogeneity around individual perennial plants. Journal of Ecology, 81: 683-692.

Aguilar R, Kelly E F, Heil R D. 1988. Effects of cultivation on soils in northern Great Plains rangeland. Soil Science Society of America Journal, 52: 1081-1085.

Alder P B, Lauenroth W K. 2000. Livestock exclusion increases the spatial heterogeneity of vegetation in Colorado short grass steppe. Applied Vegetation Science, 3: 213-222.

Alice A, Martin O, Elsa L, et al. 2005. Effect of grazing on community structure and productivity of a Uruguayan Grassland. Plant Ecol, 179: 83-91.

Anderson D W, Coleman D C. 1985. The dynamics of organic matter in grassland soils. Journal of Soil and Water Conservation, 40: 211-216.

Ao T, Li Q F. 2001. The wind erosion status and its main influence factors in Inner Mongolia grassland. Inner Mongolia Prataculture, 1: 31-34.

Baddock M C, Zobeck T M, Pelt R S V, et al. 2011. Dust emissions from undisturbed and disturbed, crusted playa surfaces: cattle trampling effects. Aeolian Res, 3: 31-41.

Bagnold R A . 1937. The transport of sand by wind. Geogr J, 89: 409-438.

Bagnold R A. 1941. The Physics of Blown Sand and Desert Dunes. New York: William Morrow & Company.

Bart F, Hans De K, Frank B. 2001. Soil nutrient heterogeneity alters competition between two perennial grass species. Ecology, 82: 2534-2546.

Basher L R, Lynn I H. 1996. Soil changes associated with the cessation of grazing at two sites in the Canterbury high country. New Zealand Journal of Ecology, 20: 179-189.

Bauer A, Cole C V, Black A L. 1987. Soil property comparisons in virgin grasslands between grazed and nongrazed management systems. Soil Science Society of America Journal, 51: 176-182.

Belnap J, Gillette D A. 1997. Disturbance of biological soil crusts: impacts on potential wind erodibility of sand desert soils in Southeastern Utah. Land Degrad Dev, 8: 355-362.

Belnap J. 2001. Comparative structure of physical and biological soil crusts. In: Belnap J, Lange O L. Biological Soil Crusts: Structure, Function, and Management, Ecological Studies Series 150. Berlin: Springer-Verlag: 177-191.

Belsky A J. 1986a, Does herbivory benefit plans? a review of the evidence. American Naturalist, 127: 870-892.

Belsky A J. 1986b. Population and community processes in a mosaic grassland in the Serengeti. Journal of Ecology, 74: 841-856.

Bradshaw A D. 1997. What do we mean by restoration. In: Urbanska K M, Webb N R, Edwards P J. Restoration Ecology and Sustainable Development. Cambridge: Cambridge University Press.

Burke I C, Yonker C M, Parton W J, et al. 1989. Texture, climate and cultivation effects on soil organic matter content in U. S. grassland soils. Soil Sci Soc Amer J, 53: 800-805.

Caswell H, Cohen J E. 1993. Local and regional regulation of species-area relations: a patch-occupancy model. In: Ricklefs R E, Schluter D. Species Diversity in Ecological Communities: Historical and Geographical Perspectives. Chicago: University of Chicago Press: 99-107.

Chappell A, Webb N P, Butler H J, et al. 2013. Soil organic carbon dust emission: an omitted global source of atmospheric CO_2. Global Change Biol, 19: 3238-3244.

Chen W N, Dong Z B, Li Z S, et al. 1996. Wind tunnel test of the influence of moisture on the erodibility of loessial sandy loam soils by wind. J Arid Environ, 34: 391-402.

Chepil W S . 1945. Dynamics of wind erosion: II. initiation of soil movement. Soil Sci, 60: 397-411

Chepil W S. 1952. Dynamics of wind erosion: initiation of soil movement by wind I. Soil structure. Soil Sci, 75: 473-483.

Chepil W S. 1954. Factors that influence clod structure and erodibility of soil by wind: III. calcium carbonate and decomposed organic matter. Soil Sci, 77: 473-480.

Chepil W S. 1955. Factors that influence clod structure and erodibility of soil by wind: V. organic matter at various stages of decomposition. Soil Sci, 77: 413-421.

Chepil W S. 1958. Soil conditions that influence wind erosion. USDA-ARS Tech. Bull. , vol. 1185. U. S. Govt. Print. Office, Washington, DC.

Chepil W S. 1953a. Factors that influence clod structure and erodibility of soil by wind: I. soil texture. Soil Sci, 75: 473-484.

Chepil W S. 1953b. Field structure of cultivated soils with special reference to erodibility by wind. Soil Sci Soc Am J, 17: 185-190.

Clark A H. 1956. The impact of exotic invasion on the remaining New World mid-latitude grasslands. In: Thomas Jr W L. Man's Role in Changing the Face of Earth. Chicago: University of Chicago Press: 736-762.

Coffin D P, Lauenroth W K. 1989. Spatial and temporal variation in the seed bank of a semiarid grassland. American Journal of Botany, 76: 53-58.

Coffin D P, Laycock W A. Lauenroth W K. 1998. Disturbance intensity and above and below-ground herbivory effects on long-tern(14 years)recovery of a semiarid grassland. Plant Eco1, 139: 221-233.

Collins S L, Bradford J A, Sims P L. 1988. Succession and fluctuation in Artemisia dominated grassland. Vegetatio, 73(2): 89-99.

Conant R T, Paustian K. 2002. Potential soil sequestration in overgrazed grassland ecosystems. Global Biogeochemical Cycles, 16(4): 1143-1151.

Connell J H. 1978. Diversity in tropical rainforest and coral reefs. Science, 199: 1302-1310.

Coupland R T. 1979. Grassland ecosystems of the world. Cambridge: Cambridge University Press: 107-111.

Curtis J T. 1956. The modification of mid-latitude grasslands and forests by man. *In*: Thomas Jr W L. Man's Role in Changing the Face of Earth. Chicago: University of Chicago Press: 721-736.

D'Almeida G A. 1986. A model for Saharan dust transport. J App Meteorol, 25: 903- 916.

Davidson E A, Ackerman I L. 1993. Changes in soil carbon inventories following cultivation of previously untilled soils. Biogeochemistry, 20: 161-193.

De Angelis D L, Huston M A. 1993. Futher consideration on the debate over herbivore optimization theory. Ecological Applications, 3(1): 30-38.

Derner J D, Beriske D D, Boutton T W. 1997. Does grazing mediate soil carbon and nitrogen accumulation beneath C4, perennial grasses along an environmental gradient? Plant and Soil, l9l: 147-156.

Donald C, Cole J E, Brian L, et al. 1998. Indicators of human health in ecosystems: what do we measure? The Science of the Total Environment, 224: 201-213.

Dormaar J F, Johnston A, Smoliak S. 1984. Seasonal changes in carbon content. dehydrogenase, phosphatase, and urease activities in mixed prairie and fescue grassland Ah horizons. Range Manage, 37: 31-36.

Dormaar J F, Smoliak S, Willms W D. 1989. Vegetation and soil responses to short-duration grazing on fescue grasslands. Journal of Range Management, 42: 252-256.

Dyksterhuis E J. 1949. Condition and management of rangeland based on quantitative ecology. Journal of Range Management, 2: 104-115.

Farres R. 1978. The role of time and aggregate size in the crusting processes. Earth Surf Proc Land, 3: 243-254.

Feng B C, Gale W J, Guo C Q, et al. 2013a. Process and mechanism for the development of physical crusts in three typical Chinese soils. Pedosphere, 23: 321-332.

Feng G, Sharratt B S, Vaddella V. 2013b. Windblown soil crust formation under light rainfall in a semiarid region. Soil Till Res, 128, 91-96.

Frank D A, Groffman P M. 1998. Landscape control of soil C and N processes in grasslands of Yellowstone National Park. Ecology, 79(7): 2229-2241.

Fryrear D W, Bilbro J D, Saleh A, et al. 2000. RWEQ: improved wind erosion technology. J. Soil Water Conserv, 55: 183-189.

Gibson D J. 1998. The relationship of sheep grazing and soil heterogeneity to plant spatial pattern in dune grassland. Journal of Ecology, 76(1): 233-252.

Gillette D A, Adams J, Endo A, et al. 1980. Threshold velocities for input of soil particles into the air by desert soils. J Geophys Res, 85: 5621-5630.

Gillette D A, Hanson K J. 1989. Spatial and temporal variability of dust production caused by wind erosion in the United States. J Geophys Res, 34: 2197-2206.

Goossens D. 2004. Net loss and transport of organic matter during wind erosion on loamy sandy soil. *In*: Goossens D, Riksen M. Wind Erosion and Dust Dynamics: Observations, Simulations, Modelling. Wageningen: ESW Publications: 81-102.

Goossens D, Offer Z Y. 2000. Wind tunnel and field calibration of six aeolian dust samplers. Atmos Environ, 34: 1043-1057.

Goudie A S. 1983. Dust storms in space and time. Prog Phys Geog, 7: 502-530.

Greene R S B, Kinnell P I A, Wood J T. 1994. Role of plant cover and stock trampling on runoff and soil erosion from semiarid wooded rangelands. Aus Soil Res, 32: 953-973.

Greenwood K L, MacLeod D A, Scott J M. 1998. Changes to soil physical properties after grazing exclusion. Soil Use and Management, 14: 19-24.

Hagen L J, Zobeck T M, Skidmore E L, et al. 1995. WEPS technical documentation: soil submodel. Wind Erosion Prediction System Technical Description, Proceedings of WEPP/WEPS Symposium, Soil and Water Conservation Society, Des Moines, IA/Ankeny, IA, August, 9-11.

Hai C X, Fu J S, Wang X M. 2003. Influence of climate change and anthropogenic activity on soil erosion and desertification in Fengning county, Hebei Province. J Arid Land Resour Environ, 17: 69-76.

Hiernaux P, Bielders C L, Valentin C, et al. 1999. Effects of livestock grazing on physical and chemical properties of sandy soils in Sahelian rangelands. J Arid Environ, 41: 231-245.

Hill M O, Evans D F, Bell S A. 1992. Long-term effects of excluding sheep from hill pastures in North Wales. Journal of Ecology, 80: 1-13.

Hobbs R J, Norton D A. 1996. Towards a conceptual framework for restoration ecology. Restoration Ecology, 4: 93-110.

Hoffmann C, Funk R, Li Y. 2008. Effect of grazing on wind driven carbon and nitrogen ratios in the grasslands of Inner Mongolia. Catena, 75: 182-190.

Hoffmann C, Funk R, Reiche M, et al. 2011. Assessment of extreme wind erosion and its impacts in Inner Mongolia, China. Aeolian Res, 3: 343-351.

Houghton R A. 1995. Changes in the storage of terrestrial carbon since 1850. *In*: Lai R, et al. (eds). Soils and Global Change. Boca Raton: CRC Press, Inc.: 45-65.

Huang D H, Wang Y F, Chen Z Z. 1996. Bioaccumulation of different nutritive elements of *Leymus chinesis* steppe in Isohumisol soil Inner Mongolia. Acata Agrestia Sinca, 4: 231-239.

Huston M A. 1994. Biological diversity: the coexistence of species on changing landscapes. Cambridge: Cambridge University Press.

Huston M. 1979. A general hypothesis of species diversity. American Naturalist, 113: 81-101.

Imhoff S, Pires A, Tormena C A. 2000. Spatial heterogeneity of soil properties in areas under elephant-grass short duration grazing system. Plant and Soil, 219: 161-168.

Iversen J D, Pollack J B, Greeley R, et al. 1976. Saltation threshold on Mars – effect of interparticle force, surface-roughness, and low atmospheric density. Icarus, 29: 381-393.

Johnston A, Dormaar J F. Smoliak S. 1971. Long-term grazing effects on fescue grassland soils. J. Range Manage, 24: 185-188.

Kalembasa S J, Jenkinson D S. 1973. A comparative study of titrimetric and gravimetric methods for determination of organic carbon in soil. Journal of Science of Food and Agriculture, 24: 1085-1090.

Keller A A, Goldstein R A. 1998. Impact of carbon storage through restoration of drylands on the global carbon cycle. Environ. Manage, 22: 757-766.

Kelt D A, Valone T J. 1995. Effects of grazing on the abundance and diversity of annual plants in

Chihuahuan desert scrub habitat. Oecologia, 103: 191-195.

Kinucan R J, Smeins F E. 1992. Soil seed bank of a semiarid texas grassland under three long-term(36-years)grazing regimes. The American Midland Naturalist, 128(1): 11-21.

Lal R. 2002. Soil carbon dynamics in cropland and rangeland. Environmental Pollution, 116: 353-362.

Larney F J, Bullock M S, Janzen H H, et al. 1998. Wind erosion effects on nutrient redistribution and soil productivity. Journal of Soil and Water Conservation, 53: 133-140.

Lawrence C R, Neff J C. 2009. The contemporary physical and chemical flux of aeolian dust: a synthesis of direct measurements of dust deposition. Chem. Geol, 267: 46-63.

Laycock W A. 1991. Stable states and thresholds of range condition on North American rangeland—a view point. Journal of Range Management. 44(5): 427-433.

LeCain D R, Morgan J A, Schuman G E, et al. 2002. Carbon exchange and species composition of grazed pastures and exelosures in the shortgrass steppe of Colorado. Agriculture, Ecosystems & Environment, 93: 421-435.

Lepers E, Lambin E F, Janetos A C. 2005. A synthesis of rapid land-cover change information for the 1981–2000 period. Bioscience, 55(2): 115-124.

Leys J F, McTainsh G H. 1994. Soil loss and nutrient decline by wind erosion—cause for concern. Aust J Soil Water Conserv, 7(3): 30-40.

Li J R, Okin G S, Alvarez L, et al. 2007. Quantitative effects of vegetation cover on wind erosion and soil nutrient loss in a desert grassland of southern New Mexico, USA. Biogeochemistry, 85: 317-332.

Li J R, Okin G S, Epstein H E. 2009. Effects of enhanced wind erosion on surface soil texture and characteristics of windblown sediments. J. Geophys. Res. doi: 10. 1029/2008JG000903.

Li L H, Chen Z Z. 1997. Changes in soil carbon storage due to over-grazing in *Leymus chinensis* steppe in the Xilin river basin of Inner Mongolia. Journal of Environmental Science, 9(4): 486-490.

Ma W H, Han M, Lin X, et al. 2006. Carbon storage in vegetation of grasslands in Inner Mongolia. J. Arid Land Resour Environ, 20: 192-195.

Martel Y A, Paul E A. 1974. Effects of cultivation on the organic matter of grassland soils as determined by fractionation and radiocarbon dating. Canadian Journal of Soil Science, 54: 419-426.

Matthew R R, Loeser T D. 2006. Impact of grazing intensity during drought in an Arizona Grassland. Conservation Biology, 21(1): 87-97.

McConnell S G, Quinn M L. 1988. Soil productivity of four land use systems in southeastern Montana. Soil Science Society of America Journal, 52: 500-506.

Mcintosh P D, Allen RB, Scott N. 1997. Effects of exclosure and management on biomass and Soil nutrient pools in seasonally dry high country, New Zealand. Journal of Environmental Management, 51: 169-186.

McNaushton S J.1976. Serengeti migratory wildebeest: facilitation of energy flow by grazing. Science, 191: 92-94.

Milchunas D G, Lauenroth W K, Burke L C. 1998. Livestock grazing: animal and plant biodiversity of shortgrass steppe and the relationship to ecosystem functioning. Oikos, 83: 65-74.

Milchunas D G, Lauenroth W K. 1993. Quantitative effects of grazing on vegetation and soils over a global range of environments. Ecological Monographs, 63(4): 327-366.

Milchunas D G, Sala O E, Lauenroth W. A. 1988. Generalized model of the effects of grazing by large herbivores on grassland community structure. American Naturalist, 132: 87-106.

Moore P D, Chapman S B. 1986. Methods in plant ecology. Oxford: Alden Press.

Moraes J F L, Volkoff B, Cerri C C, et al. 1996. Soil properties under the Amazon forest and changes due to pasture installation in Rondonia. Brazil. Geoderma, 70: 63-81.

Morrison M W, Prunty L, Giles J F. 1985. Characterizing strength of soil crusts formed by simulated rainfall. Soil Sci Soc Am J, 49: 427-431.

Mu Q S, Chen X H. 2007. Relation between threshold wind erosion velocity and vegetation coverage. J Desert Res, 27: 534-538.

Newton J D, Wyatt F A, Brown A L. 1945. Effects of cultivation and cropping on the chemical composition of some western Canadian prairie province soils. Scientific Agriculture, 25: 718-737.

Nosetto M D, Jobbagy E G, Paruelo J M. 2006. Carbon sequestration in semi-arid rangelands: comparison of *Pinus ponderosa* plantations and grazing exclusion in NW Patagonia. Journal of Arid Environments, 67: 142-156.

Noy-Meir I. 1993. Compensating growth of grazed plants and its relevance to the use of rangelands. Ecological Applications, 3: 32-34.

Noy-Meir I. 1999. Interactive effects of fire and grazing on structure and diversity of Mediterranean grasslands. Journal of Vegetation Science, 6: 701-710.

Okin G S, Gillette D A, Herrick J E. 2006. Multi-scale controls on and consequences of aeolian processes in landscape change in arid and semi-arid environments. J Arid Environ, 65: 253-275.

Okin G S, Mahowald N M, Chadwick O A, et al. 2004. The impact of desert dust on the biogeochemistry of phosphorus in terrestrial ecosystems. Global Biogeochem Cycles, doi: 10. 1029/2003GB002145.

Oliva G, Cibis A, Borrelli P, et al. 1998. Stable states in relation to grazing in Patagonia: a 10-year experimental trial. J Arid Environ, 40: 113-131.

Osem Y, Perevolotsky A, Kigel J. 2002. Grazing effect on diversity of annual plant communities in a semi-arid rangeland: interactions with small-scale spatial and temporal variation in primary productivity. Journal of Ecology, 90: 936-946.

Pake C E, Venable D L. 1995. Is coexistence of Sonoran Desert annuals mediated by temporal variability in reproductive success? Ecology, 76: 246-261.

Petraitis P S, Latham R E, Niesenbaum R A. 1989. The maintenance of species diversity by disturbance. Quarterly Review of Biology, 64: 393-418.

Poortinga A, Visser S M, Riksen M J, et al. 2011. Beneficial effects of wind erosion: concepts, measurements and modeling. Aeolian Res, 3: 81-86.

Prospero J M, Bullard J E, Richard H. 2012. High-latitude dust over the north Atlantic: inputs from Icelandic Proglacial dust storms. Science, 335: 1078-1082.

Proulx M, Mazumder A. 1998. Reversal of grazing impact on plant species richness in nutrient-poor vs. nutrient-rich ecosystems. Ecology, 79: 2581-2592.

Pykala J. 2005. Cattle grazing increases plant species richness of most species trait groups in mesic semi-natural grasslands. Plant Ecology, 175: 217-226.

Rachel A M, Jose M F. 1999. Effects of sheep exclusion on the soil seed bank and annual vegetation in chenopod shrublands of South Australia. J Arid Environ, 42: 117-128.

Rajot J L, Alfaroa S C, Gomes L, et al. 2003. Soil crusting on sandy soils and its influence on wind erosion. Catena, 53: 1-16.

Reeder J D, Schuman G E. 2002. Influence of livestock grazing on C sequestration in semi-arid mixed-grass and short-grass rangelands. Environmental Pollution , 116(3): 457-463

Rice K J. 1989. Impacts of seed banks on grassland community structure and population dynamics. *In*: Leck M A, Parker V T, Simpson R L. Ecology of Soil Seed Banks San Diego C A: Academic Press: 257-282, 462.

Risser P G. 1993. Making ecological information practical for resource managers. Ecological Applications, 3: 37-38.

Rubio J L, Bochet E. 1998. Desertification indicators as diagnosis criteria for desertification risk assessment in Europe. Journal of Arid Environments, 39: 113-120.

Sarr D A. 2002. Riparian livestock exclosure research in the western United States: a critique and some recommendations. Environmental Management, 30(4): 516-526.

Schat H. 1989. Life history and plant architecture: size-dependent reproductive allocation in annual and bienial Centaurium species. Acta Botanica Nearlandica, 38(2): 183-201.

Schlesinger W H. 1995. An overview of the global carbon cycle. *In*: Lai R, et al(eds) . Soils and Global Change. Boca Raton: CRC Press, Inc.: 9-25.

Sehuman G E, Reeder J D. Manley J T, et al. 1999. Impact of grazing management on the carbon and nitrogen balance of a mixed-grass rangeland. Ecological Applications, 9(1): 65-71.

Shao Y, Wyrwoll K H, Chappell A, et al. 2011. Dust cycle: an emerging core theme in earth system science. Aeolian Res, 2: 181-204.

Shinoda M, Gillies J A, Mikami M, et al. 2011. Temperate grasslands as a dust source: knowledge, uncertainties, and challenges. Aeolian Research. 3: 271-293.

Su Y Z, Li Y L, Cui J Y, et al. 2005. Influences of continuous grazing and livestock exclusion on soil properties in a degraded sandy grassland, Inner Mongolia, northern China. Catena, 59: 267-278.

Su Y Z, Zhao H L, Zhang T H, et al. 2004. Soil properties following cultivation and non-grazing of a semi-arid sandy grassland in northern China. Soil Till Res, 75: 27-36.

Tiessen H J, Steward W B, Bettany J R, 1982. Cultivation effects on the amount and concentration of carbon, nitrogen and phosphorus in grassland soil. Agronomy Journal, 74: 831.

Vickery P J. 1992. Grazing and net primary production of a temperate grassland. Journal of Applied Ecology, 9: 307-314.

Wang H, Mason J A, Balsam W L. 2006. The importance of both geological and pedological processes in control of grain size and sedimentation rates in Peoria Loess. Geoderma, 136, 388-400.

Wang R, Guo Z, Chang C, et al. 2015. Quantitative estimation of farmland soil loss by wind-erosion using improved particle-size distribution comparison method(IPSDC). Aeolian Res, 19: 163-170.

Wang Y F, Chen Z Z, Tieszen L T. 1998. Distribution of soil organic carbon in the major grasslands of Xilinguole, Inner Mongolia, China. Acta Phytoecologica Sinica, 22(6): 545-551.

Waser N M, Price M V. 1981. Effects of grazing on diversity of annual plants in the Sonoran Desert, Arizona, USA. Oecologia, 50: 407-411.

Webb N P, Chappell A, Strong C L, et al. 2012. The significance of carbon-enriched dust for global carbon accounting. Glob Change Biol, 18: 3275-3278.

Webb N P, Strong C L, Chappell A, et al. 2013. Soil organic carbon enrichment of dust emissions: magnitude, mechanisms and its implications for the carbon cycle. Earth Surf Proc Land, 38: 1662-1671.

Westoby M, Walker B, Noy-Meir I. 1989. Opportunistic management for rangelands not at equilibrium. Journal of Range Management, 42: 266-274.

Wienhold B J, Hendriekson J R, Karn J F. 2001. Pasture management influences on soil properties in the Northern Great Plains. Soil and Water Conser, 56(1): 27-31.

Wilson G R, Gregory M. 1992. Soil erodibility: understanding and prediction. Written for presentation at 1992 International Summer Meeting on Wind Erosion Sponsored by the ASAE. No. 922049.

Wolde M, Veldkamp E, Mitiku H. 2007. Effectiveness of exclosures to restore degraded soils as a result of overgrazing in Tigray, Ethiopia. Journal of Arid Environment, 69: 270-284.

Yan Y C, Xu X L, Xin X P, et al. 2011. Effect of vegetation coverage on aeolian dust accumulation in a semiarid steppe of Northern China. Catena, 87: 351-356.

Yan Y C, Xin X L, Xu X P, et al. 2013. Quantitative effects of wind erosion on the soil texture and soil nutrients under different vegetation coverage in a semiarid steppe of northern China. Plant Soil, 369: 585-598.

Yan Y, Wu L, Xin X, et al. 2015. How rain-formed soil crust affects wind erosion in a semi-arid steppe in Northern China. Geoderma, 249-250, 79-86.

Zobeck T M. 1991. Abrasion of crusted soils: influence of abrader flux and soil properties. Soil Sci. Soc. Am. J, 55: 1091-1097.

彩　　图

彩图 1　长期封育的典型草原群落

彩图 2　持续放牧的退化草原群落

彩图 3　封育与放牧草地

彩图 4　过度放牧的退化草地

彩图 5　典型草原植被群落调查

彩图 6　退化草地土壤调查

彩图 7　典型草原土壤剖面调查（退化沙质草地）　彩图 8　典型草原土壤剖面调查（长期封育草地）

彩图 9　风蚀退化草地水分动态监测　　　　彩图 10　不同下垫面梯度风速观测

彩图 11　玻璃球法收集近地面降尘　　　　彩图 12　近地面降尘量观测

彩图 13　输沙仪与降尘桶安装

彩图 14　灌丛化草地风蚀观测

彩图 15　草原风蚀物质迁移通量观测

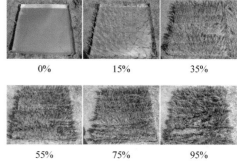

0%　　　15%　　　35%

55%　　　75%　　　95%

彩图 16　不同植被覆盖度模拟

彩图 17　野外自然风吹蚀实验 -1

彩图 18　野外自然风吹蚀实验 -2

彩图 19　模拟不同降雨量下土壤结皮室内培养　　彩图 20　不同降雨形成土壤结皮抗风蚀实验

彩图 21　典型草原区条带状轮作 -1　　　　　彩图 22　典型草原区条带状轮作 -2

彩图 23　不同下垫面沙尘输移实验布设　　　　彩图 24　草原不同利用方式下输沙量观测